国际精神分析协会《当代弗洛伊德：转折点与重要议题》系列

论《防御过程中自我的分裂》

On Freud's "Splitting of the Ego in the Process of Defence"

（法）蒂里·博卡诺夫斯基（Thierry Bokanowski）
（巴西）塞尔吉奥·莱克维兹（Sergio Lewkowicz） 主编

刘岳 方芳 译

化学工业出版社

·北京·

On Freud's "Splitting of the Ego in the Process of Defence" by Thierry Bokanowski, Sergio Lewkowicz
ISBN 978-1-85575-755-4

北京市版权局著作权合同登记号：01-2023-0684

图书在版编目（CIP）数据

论《防御过程中自我的分裂》/（法）蒂里·博卡诺夫斯基（Thierry Bokanowski），（巴西）塞尔吉奥·莱克维兹（Sergio Lewkowicz）主编；刘岳，方芳译．—北京：化学工业出版社，2023.7
（国际精神分析协会《当代弗洛伊德：转折点与重要议题》系列）
书名原文：On Freud's "Splitting of the Ego in the Process of Defence"
ISBN 978-7-122-43313-8

Ⅰ.①论… Ⅱ.①蒂…②塞…③刘…④方… Ⅲ.①弗洛伊德（Freud，Sigmmund 1856-1939）-精神分析-研究 Ⅳ.①B84-065

中国国家版本馆 CIP 数据核字（2023）第 064941 号

责任编辑：赵玉欣　王　越　　　　装帧设计：关　飞
责任校对：宋　玮

出版发行：化学工业出版社（北京市东城区青年湖南街 13 号　邮政编码 100011）
印　　装：大厂聚鑫印刷有限责任公司
710mm×1000mm　1/16　印张 13½　字数 192 千字　2023 年 10 月北京第 1 版第 1 次印刷

购书咨询：010-64518888　　　　售后服务：010-64518899
网　　址：http://www.cip.com.cn
凡购买本书，如有缺损质量问题，本社销售中心负责调换。

定　　价：59.80 元　

第三辑推荐序

国际精神分析协会（IPA）《当代弗洛伊德：转折点与重要议题》系列已经在中国出版了两辑——共十本，即将要出版的是第三辑——五本。IPA组织编写和出版这套丛书的目的是从现在和当代的观点来接近弗洛伊德的工作。一方面，这强调了弗洛伊德工作的贡献构成了精神分析理论和实践的基石。另一方面，也在于由传播后弗洛伊德时代的精神分析师丰富的弗洛伊德思想的成果，包括思想碰撞中的一致和不同之处。从书读来，我看到了IPA更大的包容性。

记得去年暑期，我们在还未译完的这个系列中，选择到底首先翻译哪几本书时，我们考虑了在全世界蔓延数年的疫情以及世界局部地区战争对人们生存环境的影响、新的技术革命带来的巨变给人类带来的不确定性等等因素。选中的这几篇弗洛伊德的重要论文产生于类似的时代背景下，瘟疫、战争和新的技术革命的冲击……今天，当我们重温弗洛伊德的思想时，还是震惊于他充满智慧的洞察力，同时也对一百多年来继续在精神分析这条路上耕耘并极大地拓展了精神分析思想的精神分析家们满怀敬意。如果说精神分析探索的是人性的深度和广度，在人性的这个黑洞里，投注多少力度都不为过。

我想沿着这五本书涉及的弗洛伊德当年发表的奠定精神分析理论基础的论文的时间顺序来谈谈我的认识。

一、《不可思议之意象》

心理治疗的过程可以说是帮助患者将由创伤事件或者发展过程中的创伤

导致的个人史的支离破碎连成整体的过程。

在心理治疗领域，对真相的探寻可以追究到神经科医生们对临床病人治疗的失败。这种痛苦激发了医生们对自己无知和失去掌控的恐惧，以及由此而生的探索真相、探索未知的激情。可以说，任何超越都与直面真相的勇气相连。

在弗洛伊德早期的论文《不可思议之意象》(*The Uncanny*)(1919)中，他就对他临床发现的“不可思议或神秘现象”做了最具有勇气的探索。

这篇论文的开头晦涩难懂，细读可以发现，他认为，要想理解这些不可思议之处“必须将自身代入这种感受状态之中，并在开始之前唤起自身能够体验到它的可能性……”因而，我将这篇论文的开始部分看作弗洛伊德对不可思议之意象的体验式的自由联想（free association)。

他对不可思议之意象的联想以及对词源学（德语、拉丁语、希腊语）的研究大致将不可思议之意象归结于令人不适的、心神不宁的、阴沉的、恐怖的、(似乎)是熟悉的、思乡怀旧的这样一个范畴。

我在读这篇文章时，感受到一种联想的支离破碎，这不是 free association（自由联想），而是 disassociation（解离），一种创伤的常见现象（在早年儿童的正常发展时期也可见这种防御现象）在弗洛伊德身上被激活。果然，他接下来以一个极端创伤的文本和自己的、听起来不可思议的亲身经历来进一步理解和描述这种意象。也许这样看来，批评者要批评他的立论太主观，随后，读者也会看到在他的一生中，他是如何与这种主观作战的，这也是他几次被诺贝尔生理学或医学奖提名而不得的主要原因，精神分析从来就不是纯粹意义上的科学。

弗洛伊德发现这种“不可思议之意象”还有个特点就是不自觉的重复。他写道：当我们原本认为只不过“偶然”或“意外”的时候，这一因素又将某种冥冥之中、命中注定的东西带到我们的信念中……必须解释的是，我们能够推断出无意识中存在的某种“强迫性重复”（repetition compulsion)在起主导作用。受压抑的情节产生不可思议之感。这种重复似乎依附着一个熟悉的“魔鬼”。

弗洛伊德进而认为，不可思议的经历是由一个被压抑和遗忘的熟悉物体的重新出现触发的（触发提示了应激）。因为这种触发，在短时间内，无意识和有意识之间的界限变得模糊。个人的认同感是不稳定的，自我和非自我之间的界限是不确定的。这种经历有一种难以捉摸的品质，但一旦到达意识层面，就会消失，而刚才经验的事件给主体带来陌生感，给主体带来一种“刚才发生了什么”“我到底做了什么”的疑惑。我认为这形象地描述了解离现象。现今，我们可以非常清楚地看到弗洛伊德的《不可思议之意象》这篇论文中的多重主题，预示了精神分析理论的许多重大发展：诸如心理创伤的被激活以及心理创伤的强迫性重复的属性，作为心理创伤防御的双重自我的发现；不可思议之意象和原初场景（the primal scene）再现之间的联系；不可思议之意象作为艺术和精神分析经验的基本部分；等等。弗洛伊德的发现像打开了的潘多拉的盒子，在这本书里，作者们不只对不可思议之意象的临床动力学进行了探讨，更是在涉及广泛人性的文学、美术、历史等等方面进行了探讨。

二、《超越快乐原则》

紧随《不可思议之意象》之后，1920 年，弗洛伊德思想的又一个重要结晶《超越快乐原则》一文问世。“死本能”概念横空出世。“不可思议之意象”和“死本能”概念的出现是精神分析史上的一个转折，这两件事都让人们困扰。两者都激发人们很多的负性情绪体验，想要去否认和拒绝，也让精神分析遭到许多的攻击。甚至今天在翻译此文的文字选择上也让出版人小心翼翼。然而，人类反复被它们创伤的事实让我们不得不重新回顾它们，重新认识它们。

弗洛伊德最初的人类动机理论（Freud，1905d，1915c）认为有两种基本的动机力量存在：“性本能”和“自我保存本能”。前者通过释放寻求性欲的愉悦，实现物种繁衍的目的；后者寻求安全和成长，实现自我保存的目的。这两种本能也被称为“生本能”。

在《超越快乐原则》中出现的“死本能”则是一个新概念：它指的是一种“恶魔般的力量”，寻找心身的静止，其最深的核心是寻求将有生命的事物还原为最初的无生命状态。

精神分析理论因此转变而受到地震式的冲击，各种攻击铺天盖地。在这里弗洛伊德早期有关“施虐是首要的、受虐是其反向形式的最初构想被推翻了”；在“死本能”概念中，将“受虐作为首要现象，而施虐则是其外化的结果”。

“快乐原则”(Freud，1911,1916—1917)在心理生活中的至高支配地位也受到了质疑。还有另一个难题是关于重复，1920 年对它的解释完全不同于 1914 年的文章《记忆、重复和修通》(1914g)中的解释。

本能理论修改的三个主要后果：

1. 将攻击性提升为一种独立的本能驱力；

2. 早先提出的自我保存本能在无意中被边缘化；

3. 宣称死亡是一种毕生的、存在性的关切，无论后面伴有或不伴有所谓的“本能”。

总结一下就是，弗洛伊德将性本能和自我保存本能都称为“生本能”，把攻击性提升为一种独立的本能驱力。宣布这种攻击性驱力是死本能的衍生产物，而死本能与生本能一起，构成了生命斗争中的两种主要力量。

确立攻击性的稳固核心地位也为人类天生具有破坏性的观点提供了一个锚点。

梅莱尼・克莱因(Klein,1933,1935,1952)虽然从一开始就拥护这一概念，但她的工作仍然集中于死本能的外化衍生物上，这导致了对“坏”客体、残酷冲动和偏执焦虑的产生的更深入的理解。她的后继者们的贡献(Joseph，本书第 7 章；Bion，1957；Feldman，2000；Rosenfeld，1971)通过论证死本能对心理活动的影响，扩展了死本能概念的临床应用。他们强调了这种本能的能力，它可以打断精神连接,最终达到其“不存在”的目的。在他们看来，死本能实际上并不指向死亡，**而是指向破坏和扭曲主体生命和主体间性生命的意义和价值**。

在弗洛伊德逐渐增加的对人性的冷峻思考后，精神分析思想的继任者中有一批人(如克莱因、比昂等)拥护这一理论但强调死本能的外化衍生意义。还有另外一批人则被称为温暖的精神分析家，如：巴林特(Balint，1955)提出了一个非性欲的“原初的爱”(primary love)的概念，类似于自发维持依恋的需要;温尼科特(Winnicott，1960)谈到了“抱持的环境”“自我的需要”(ego needs)，凯斯门特(Casement，1991)将这一概念重新定义为“成长的需要”(growth needs)，由此将其与力比多的需求区分开来；而在北美，科胡特(Kohut)创立的自体心理学理论弥补了巴林特和温尼科特在北美的不受重视，为精神分析的暖意增加了浓墨重彩的一笔。但是，即使暖如科胡特这样的分析家也是在对人类冰冷创伤的深刻洞见下，强调了生命的存在需要共情的抱持。

目前正在通过网络在中国教学的肯伯格大师也属于人性的冷峻的观察者。他认为从更广泛的意义上讲，生本能和死本能是驱使人类一方面寻求满足和幸福，另一方面进行严重的破坏性和自我破坏性攻击的动力，他强调这种矛盾性。他认为有种乐观的看法，即假设在早期发展中没有严重的挫折或创伤，攻击性就不会是人类的主要问题。死亡驱力与这种对人性更为乐观的看法大相径庭。作为人类心理学核心的一部分，死亡驱力的存在非常不幸地是一个在实践中存在的问题，而不仅仅是一个理论问题。如前所述，在底层，所有潜意识冲突都涉及某种发展水平上的爱与攻击之间的冲突。

也许是为了避免遭受与弗洛伊德一样的批评，或者是随着科学在弗洛伊德以后百年的发展，肯伯格更加谨慎地相信死本能至少在临床上是很有意义的，他也强调了在特殊文化下（如希特勒主义和恐怖主义中）死本能的问题。

肯伯格认为精神分析界目前正在努力解决的问题是：驱力是否应该继续被认为是原始的动机系统，还是应该把情感作为原始的动机系统（Kernberg，2004a）。而情感是与大脑神经系统相关的。

现在肯伯格已经不是唯一持这种观点的人。他们认为情感构成了原始的动机系统，它们被整合到上级（指上一级大脑）的正面和负面驱力中，即力比多驱力和攻击性驱力中。这些驱力反过来表达它们的方式，是激活构成它们的不同强度的情感，通过力比多和攻击性投注的不同程度的情感表现出来。简而言之，肯伯格相信情感是原始的动机。

肯伯格对不同程度的精神病理，对强迫性重复的“死本能”的理解令人印象深刻。实际上重复与自恋相关，温尼科特的名言是“没有全能感就没有创伤”。肯伯格认为：强迫性重复可能具有多种功能，对预后有不同的影响。有时，它只是重复地修通冲突，需要耐心和逐步细化；另一些时候，代表着潜意识的重复与令人挫败或受创伤的客体之间的创伤性关系，并暗暗地期望，“这一次”对方将满足病人的需要和愿望，从而最终转变为（病人）迫切需要的好客体。

“许多对创伤性情境的潜意识固着都有上述这样的来源，尽管有时这些固着也可能反映了更原始的神经生物学过程。这些原始过程处理的是一种非常早期的行为链的不断重新激活，这种行为链深深植根于边缘结构及其与前额皮质和眶前皮质的神经连接中。在许多创伤后应激障碍的案例中，我们发现强迫性重复是一种对最初压倒性情况的妥协的努力。如果这种强迫性重复在安全和保护性的环境中得到容忍和促进，问题可能会逐渐解决。”

然而，在其他案例中，特别是当创伤后应激综合征不再是一种主动综合征，**而是作为严重的性格特征扭曲背后的病原学因素起作用时**，通俗地说，当创伤事件在人格形成的初始阶段（即童年）就发生，并且在成年早期反复发生导致人格障碍时，强迫性重复可能是在努力地克服创伤情境，但潜意识却在认同创伤的来源。病人潜意识认同创伤的施害者，同时将其他人投射为受害者，病人潜意识地重复着创伤情境，试图将角色颠倒，就好像世界已经完全变成了施害者和受害者之间的关系，将其他人置于受害者的角色(Kernberg，1992，2004)。这样的反转可能为病人提供潜意识的胜利，于是强迫性重复无休止地维持着。还有更多恶性的强迫性重复的临床发现，比如所谓的“旋转门综合征”“医生杀手”，患者出于想胜过试图提供帮助的人的潜意识感觉，而潜意识地努力破坏一段可能有帮助的关系，只是因为嫉妒这个人没有遭受病人所遭受的心灵痛苦。这是一种潜意识的胜利感，当然与此同时，病人也杀死了自己。

简而言之，强迫性重复为无情的自我破坏性动机理论提供了临床支持，这种破坏性动机理论是死亡驱力概念的来源之一(Segal，1993)，在最严重的情况下，对他人的过度残忍和对自己的过度残忍往往是结合在一起的。

强迫性重复在临床和生活中也呈现最轻微的形式：“他们由于潜意识的内疚而破坏了他们所得到的东西，这种内疚感通常是与被深深地抑制的俄狄浦斯渴望（因为过于僵硬的超我）有关，或与对需要依赖的早期客体的潜意识攻击性（爱与恨的矛盾情感）有关。这些发展（水平的病人）比较容易理解，也比较容易治疗；在此，自我破坏是为了让一段令人满意的关系得以发展而必须付出的‘代价’，其原始功能不是破坏一段潜在的良好关系。”这类似于药物治疗的副反应。

在这本书冷峻的基调里，我们还是看得见人性温暖的一面，也就是强迫性重复的自愈功能，以及临床工作者与患者一起为笼罩着死亡气息的严重创伤寻找的生路。

肯伯格认为创伤、病理性自恋和强迫性重复的预后取决于多种因素，其中，拥有基本的共情能力，总体来说是有道德良知的，对弱者感到关切，在工作、文化、政治、宗教中有一个真正的稳定的理想，这些都是预后良好的因素。

最后，现年 95 岁的肯伯格认为，至少临床上应该支持死亡驱力的概念。

三、《防御过程中自我的分裂》

接下来，我们来到《防御过程中自我的分裂》。与此相关的是：研究发现创伤、重复和死亡驱力后，这些人怎么存活下来的问题也如影相随。虽然在弗洛伊德最早的著作［1895 年的《癔症研究》(*Studies on Hysteria*)］中，他就提出了“分裂”的概念，但这个概念直到在他很久以后的著作中才在理论上得到解决。1938 年，在《精神分析纲要》一书中，他将“分裂”描述为一种“防御过程中的自我分裂”。这是人类面对创伤自我的感知时的防御，感知部分地被接受， 同时部分地被否认，在心智中导致两种相反的态度共存，而又显然彼此“和平共处”，但这种在自我感知和驱力之间的分裂线上刻入的缺口，将成为所有后续创伤的断裂来源。

弗洛伊德认为人类的心智有能力将痛苦的经历隔离开来，或者主动尝试将自己与这些经历隔离开来。

自 1938 年以来，这些概念在精神分析领域经历了许多发展和修改。

最重要的贡献来自梅莱尼·克莱因。由弗洛伊德引入，后来被克莱因、比昂和梅尔泽修改的这个概念的新颖独创性，在于提出自体的两个或多个部分在精神世界中分裂，并继续生活在相伴随但彼此隔离的生活中，根据它们各自的心理逻辑运作，过着不同的生活。

克莱因的工作阐明了就“好与坏”客体而言，客体的分裂这一观点。她的许多追随者都研究过病理性分裂的各个方面，特别是在临床的“边缘”或“非神经症”状态。这些概念在精神分析领域经历了许多发展和修改，当今的看法是：分裂机制诸如否认、投射性认同、理想化等是基本的心理组织方式之一。这些假设和概念已经成为当前精神分析实践的特征。

今天，无论它是作为一种防御机制还是心智构建过程，我们不再质疑是否存在一种被称为“分裂”的心理现象，目前我们想知道的是：它如何参与心理建构、它产生了什么影响，以及自体和客体的分裂部分如何恢复。

1978 年，梅尔泽在其开设的关于比昂思想的入门课程中讲道：对于不熟悉“分裂”和“投射性认同”概念使用的人，以及那些可能对这些概念有点厌倦的人来说，可能很难意识到克莱因夫人 1946 年的论文《关于一些分裂机制的笔记》(*Notes on Some Schizoid Mechanisms*) 对那些与她密切合作的分析师产生的震撼人心的影响。除了比昂后期的作品之外，可以说，未来三十年的研究历史可以由现象学和这两个开创性概念的广泛影响来书写 (Meltzer，1978)。

从弗洛伊德之前的精神病学，到弗洛伊德，再到克莱因和费尔贝恩，最后到比昂，“分裂”一词的含义历史悠久而错综复杂。这一术语的含义和不同作者构思其作用的方式，根据参与本书写作的不同作者的共时性和历时性解读而有所不同。

对于克莱因来说，这个概念似乎与未整合 (non-integration) 状态的概念混合在一起，这是她得自温尼科特的一个概念，是活跃分裂之前的一种状态。在这种情况下，分裂并创造第一个心理结构，而与之相伴开始行使功能。

比昂更进一步，提出不仅自体的部分可以被分裂，心理功能也可以被分裂。

心理分裂更直接的后果是精神生活的贫乏。当病人从痛苦和无法承受的情绪中分离出来时，他也能够从拥有那种情绪的那部分自体中分裂出来。他认为这导致精神的贫乏，这种贫乏以各种形式发生，人就失去了精神生活的连续性，因此人对自己的感受和行为负责的能力也就减弱，进而干预和掌控自己命运的能力受到严重影响。由于情感体验之间失去连接而分裂，象征化的能力和建构心理表征的可能性明显受到阻碍。

托马斯·奥格登 (Thomas Ogden，1992)将这两种位置 (偏执分裂位和抑郁位) 定义为“‘产生体验的手段’，这对个体在成为自己历史的一部分和产生自己的历史 (或不能这样做) 方面的作用以及主体性的辩证构成的议题，进行了非常丰富的反思。一种产生体验的非历史性方法剥夺了个体所谓的我性（I-ness）”，换句话说，我性是指“通过‘一个人的自体和一个人的感官体验之间的中介实体’来诠释他自己的意义的能力”。

分裂造成的历史不连续感导致情感肤浅，这也影响了一个人与自己的自体，或如克莱因学派所说的内部客体之间，保持鲜活的亲密对话的可能性。

比昂认为：在记忆或心理功能之间建立障碍所指的不仅是自体部分之间的分裂，而且是心理功能的分裂，分裂的机制通过破坏或碎片化情感体验的意义，干扰了人类精神生活的核心结构，继而也使产生象征的能力趋向枯竭。

在这种情况下，精神分析会谈中对潜意识分裂产生的洞察力，将病人从一种带来伤害的构建生命历史的方式中解放出来，这种方式被过去的情感经历严重限制，导致自动重复（强迫性重复模式），并生活在再次被创伤的危险氛围中。

在这种背景下，整合分裂的部分，还具有释放潜能的功能。

“重要的是要强调，修复过去的创伤情境只有通过整合自体分裂部分才有可能。”

在今天的精神分析中有一个共识，即反移情起源于投射性认同的过程，因此以分裂作为基础。通过投射性认同，病人将自体的一些方面（或全部）投射/分裂到分析师身上。分析师（投射性认同的接受者）在投射中暂时成为被病人否认/分裂的那些方面。他将自己转变为因病人存在冲突而不能存在的我——自体。因此，病人的投射部分，总是指自体的分裂部分，在分析师的主体性中被客体化。奥格登（Ogden，1994a)指出，在医患的投射性认同中，主体间性就诞生了。我理解这就是创造性，医患双方都得以再创造。

这样的创造让我们以有情感反应的方式生活在一个持续不稳定的世界中，而这些情感中不仅仅是恐惧。今天，重新整合自体和客体的分裂部分，不仅与重建过去的创伤有关，最重要的是，还与个体将自己视为其历史的主体的可能性有关。

四、《抑制、症状和焦虑》

我们终于来到了精神病学中最重要的现象学——焦虑。当今的科学精神病学（在此处主要指生物精神病学）对焦虑障碍有很大的人力、物力的投入，希望在不久的将来能看到重要的突破。

《抑制、症状和焦虑》毫无疑问是弗洛伊德最重要的理论论文之一。该论文写于 1925 年，它包含了精神分析在接下来的几年里所取得的几乎所有发展的种子。焦虑作为一个症状、一个显著的现象学特征，无处不在地充斥在每个环节中。为焦虑寻源毫无疑问成为弗洛伊德必须要完成的任务。为了实现自己的目标，他依靠了广泛的人文教育，这种教育由早熟的好奇心和阅读经典来推动，他甚至在维也纳创办了自己的西班牙语学院，以完成用原始语言阅读 Don Miguel de Cervantes Saavedra 的《堂吉诃德》。因此，由于这种永不熄灭的求知欲，他熟悉了人性中最肮脏的隐秘角落，也熟悉了最高尚的角落。严谨研究者的精神是他的另一个个性组成部分，体现在他的作品中。这一品质是在布鲁克和梅内特的实验室中形成的，他在那里以神经生理学家的身份进行训练和研究。这两个实验室都被视为他那个时代科学实证主义的杰出机构。

对“潜意识”的发现会质疑理性意识，但他从未失去过认识论上的现代主义和批判精神。他没有质疑或否定对有意识的头脑的需要，更重要的是对可理解性的需要，以实现对概念和理论的阐述。

他第一次进入焦虑问题可以追溯到 1893 年与 Wilhelm Fliess 的通信，而后在长达近四十年的众多著作中继续探讨，并延伸到 1932 年至 1933 年的《精神分析新论》（Freud，1933a），这也是他那个时代前精神分析医学风格的典范。他将“焦虑神经症”与“神经衰弱症”（Freud，1895）分开，他阐述了他的第一个焦虑理论，将其定义为由心理能力不足或这种兴奋的累积所导致的心理上无法处理过度的躯体性兴奋。在这里，性唤起最终转化为焦虑。

现代精神病学将其纳入“焦虑障碍”一词中，他逐渐从“身体上的性兴奋”转变为心理上的力比多（libido）“性欲”，正是这种性欲，而不是通过适当的性行为，转化为焦虑。这可以被认为是他第一个焦虑理论的顶点。他第一次不仅处理了“神经症性”焦虑，还处理了“真实” 焦虑，以及两者之间的关系；这使他在两种情况下都发展出了“危险情境”这一主题，即焦虑是对感到危险的应对。他提出了“物种癔症”的假设，并为这种情感的生物学意义开辟了道路。在不断的探索中，他发现焦虑是由自我产生的，而不是本能，他以这样的方式放弃了最初力比多转化为焦虑的说法，他以酒转化为醋的化学反应为基础来进行比喻。他认为焦虑也不是潜抑的结果，正是焦虑促进了潜抑。由此，他的第二个焦虑理论形成。

此外，因为肯定了人类系统发育和动物生活中情感的生物学显著意义。他还提出了一个与现代神经科学联系的桥梁，我们可以在《抑制、症状和焦虑》一文中找到帮助我们建立适应我们时代的精神分析疾病分类学的理论元素。

随后随着精神分析的发展，温尼科特在二十世纪四五十年代、科胡特主要在六十年代进入这一领域，他们将自我紊乱的焦点从以驱力为中心的固着转移到发展中的停滞。婴儿依赖母性的照顾来获得安全的氛围和安全的内部环境基础，这一点至关重要。要达到促进心理的发展，父母和孩子之间必须进行更多沟通。但是即使在婴幼儿期间，父母和孩子之间有最令人满意的经历，照料中也会出现中断和不可避免的失败。这些挫折会导致婴儿不同程度的痛苦，表现为烦躁、紧张、反应性愤怒和焦虑。这就是所谓“good enough mother”（六十分及格）父母的来源。

在这一本书里，还展示了 IPA 重大的变革，它包含拉康派（早期被 IPA 开除）学者论焦虑的文章。他认为当现实客体的消失所产生的焦虑指的是这样一个事实：驱力还在那个现实客体消失的地方存在，它“要求”丧失物的象征和想象的存在。只要丧失的东西被带走，悲伤就会出现，而悲伤所带来的焦虑和痛苦也会随之而来。这种表述与弗洛伊德的《哀伤与忧郁》一文所表述的何其一致，这也体现了拉康后期的观点：回到弗洛伊德 。

然而，随着二十世纪的发展，尤其是从二十世纪五十年代末开始，到二十世纪后半叶，关于大脑的研究取得了重大进展，神经科学包括神经解剖学、 神经生理学、神经生物学和神经心理学，已经成为一门多方面的学科，并以较快的速度发展。对一些精神分析学家来说，这些发现显然有助于推进精神分析理论的发展。在婴儿早期发育中，记忆和记忆系统，以及情绪，特别是恐惧和焦虑方面的研究发现，被认为是有助于不断完善基本理论原则的领域，而广泛的概括可以被更详细地划分和研究。

重要的是要记住，疼痛、恐惧和焦虑，尤其是预期焦虑，是一种警告系统，告诉我们身体完整性面临危险或威胁；这些系统具有保护作用，不仅对生存至关重要，而且对维持健康也至关重要。尽管表面上看起来有违直觉，但我们需要不快乐才能获得快乐，因为如果没有我们的恐惧和焦虑系统，我们将处于危险之中。

回到弗洛伊德最后一个焦虑理论至关重要的攻击性方面，即信号焦虑。

当他提出这个概念时，信号焦虑警告危险并动员防御。这就是他在《抑制、症状和焦虑》中所说的："对不受欢迎的内部过程的防御将以针对外部刺激所采取的防御为模型，即自我以相同的方式抵御内部和外部危险。"

总之，一百年后，随着神经科学的发展，弗洛伊德的身份认同——神经科医生身份与精神分析创始人身份，达到了更进一步的整合。这套丛书也展示了当今国际精神分析协会的观点。

五、《论开始治疗》

本套丛书在众多的令人头痛的理论探索之后，终于来到了也许是专业读者们最关心的问题，怎样做精神分析治疗。在这个环节，我不想做更多的赘述，丛书编辑 Gennaro Saragnano 的这段描述就相当简洁和精彩：

"《论开始治疗》（1913）是 Freud 最重要的技术文章之一，这是他在 1904 年至 1918 年间研究的主题。这篇论文阐述了精神分析的治疗基础和条件，为分析实践提供了坚实的参考。弗洛伊德把技术说成是一门艺术，而非一组僵化的规则，他总是考虑到每一种情况的独特性，虽然自由联想和悬浮注意的基本方法被指定为精神分析的方法，这将它与暗示区分开来。"

在这本书中，来自不同精神分析思想流派和不同地理区域的十位著名精神分析师，将当代的技术建议与弗洛伊德建立的规则进行对质。根据分析实践的最新进展，这本书重新审视了以下重要问题：当今开始一个分析的条件；移情和联想性；精神分析师作为一个人的角色扮演与主体间性；当代实践中的基本规则阐述；诠释的条件和作用；以及在治疗行动中充满活力的驱力。

回到本文的开头，针对弗洛伊德方法的主观性的不足，精神分析治疗开始要求精神分析师进行严格的、长期的（基本长达四到五年）、高频的（每周四次）分析。这也与精神分析理论的"受虐在施虐之前"相一致。难道成长不是一场痛苦的旅行？痛过之后才能对人生的终极命题——死亡——坦然接受吧！

童俊
2023 年 8 月 1 日星期二 于武汉

国际精神分析协会出版委员会第三辑[1]
出版说明

这套重要的系列专著由 Robert Wallerstein 创立，最初由 Joseph Sandler、Ethel Spector Person 和 Peter Fonagy 主编，其重要贡献引起了不同学派精神分析师的极大兴趣。

这套书的目的是从现在和当代的视角来探讨 Freud 的著作。一方面，这意味着强调他的著作的重要贡献，这些贡献构成了精神分析理论和实践的轴心。另一方面，它暗示了了解和传播当今精神分析师对于 Freud 著作的看法的可能性，包括它们的一致和不同之处。

这个系列至少考虑了两条发展线：一是对 Freud 的当代解读，重申他的贡献；二是澄清他现今被解读的著作中的逻辑观点和认知观点。

Freud 的理论已经被扩展，这导致理论、技术和临床上的多元化，这些必须加以解决。因此，有必要避免一种舒适的、不加批判的“概念共存”，以便考虑系统的日益复杂性，同时考虑到现有各学派类别的趋同和分歧。

因此，该项目涉及一项额外的任务——从不同的地理区域挑选代表不同理论立场的精神分析师，以便能够展示他们的复调乐曲。这也意味着读者需要付出额外的努力来区分和辨别，建立关系或发现矛盾——每个读者最终都必须解决这些问题。

---

[1] 《当代弗洛伊德：转折点与重要议题》（第三辑）简称“第三辑”。——编者注。

能够倾听其他理论观点，也是锻炼我们在临床领域倾听能力的一种方式。 这意味着倾听中应该营造一个自由的空间，让我们听到新的和原创的东西。

本着这种精神，我们将深深根植于弗洛伊德学派（Freudian）传统的作者和发展了 Freud 著作中没有明确考虑到的理论的作者们聚集在一起。

Freud 关于“自我的分裂”的论文展现了他最后的思想，尤其是关于恋物癖（fetishism）和精神病的思考，也启发了他对自我非统一结构的看法。他专注于自我与现实之间的关系问题，引入不同于压抑和被压抑内容回归的另一种模型，新模型建立“拒认”（disavowal）这一概念作为自我的特定心理机制。

主编 Thierry Bokanowski 和 Sergio Lewkowicz 以及本书的撰稿人一起，接受了挑战，去思考弗洛伊德学派思想及其在当代精神分析中的扩展和含义。

特别感谢这一卷的编辑们和撰稿人，丰富了《当代弗洛伊德：转折点与重要议题》系列。

Leticia Glocer Fiorini
丛书主编

前 言

我们非常高兴和荣幸地在《当代弗洛伊德：转折点与重要议题》系列中呈现新的一卷。

虽然在他最早的著作《癔症研究》(*Studies on Hysteria*)(1895)中，Freud 就提出了“分裂”的概念，但这个概念在他很久以后的著作中才在理论上得到解决：他在 1927 年发表关于恋物癖的文献；以及最后在 1938 年，他将分裂描述为一种防御机制，在神经症(neuroses)、倒错(perversions)或精神病(psychoses)中，以不同的方式，将自我的运作调整到相似的程度。

对 Freud 来说，这种特殊的机制与防御相联系，是面对创伤自我的感知时的防御，感知部分地被接受，同时部分地被否认，在心智中导致两种相反的态度共存，而又显然彼此不冲突，但总是与阉割情结和双性恋有关。对于 Freud 来说，这种冲突发生在自我的感知和驱力之间。在分裂线上刻入的缺口，将成为所有后续创伤的裂痕的来源。然而，正如 Freud 所强调的那样，当我们面对那个采取两种不同的心理态度的人时，判断出现了哪种机制并不总是那么容易——压抑？潜抑？和/或分裂？——基于地形学和结构因素来考虑心理配置，这两种心理态度是相反的和独立的。(无论如何，自我永远不会完全连贯，两种矛盾的态度一直在不同层次上存在。)

自取得这些进展以来，这些概念在精神分析领域经历了许多发展和修改，导致当今的看法，即认为分裂机制[如同否认（denial）、投射性认同（projective identification）、理想化（idealization）等]是正常的，是基本的心理组织方式之一。Sandor Ferenczi 是第一个强调与创伤行为相关联的自恋分裂(“分裂/创伤”配对)这一观点的人，在他之后，最重要的贡献来自 Melanie Klein，她的工作阐明了“客体的分裂”(就“好/坏”客体而言)这一观点。她的许多追随者（D. W. Winnicott，W. R. Bion，Donald Meltzer，Herbert Rosenfeld，Harold Searles，Joyce McDougall，Andre Green，E...）都研究过病理性分裂的各个方面，特别是临床的“边缘”或“非神经症”状态。

这本书背后的想法是邀请来自不同地区和理论取向的作者来推动关于这一主题的富有成效的辩论，从而丰富 Sigmund Freud 的开创性工作。

我们要感谢以主席 Leticia Glocer Fiorini 为代表的国际精神分析协会（IPA）出版委员会一直以来所提出的建议和支持。还要感谢出版委员会前主任 Cesare Sacerdoti 和出版助理 Pippa Hodges 的奉献精神和卓越能力。

Thierry Bokanowski[1]
Sergio Lewkowicz[2]

---

[1] Thierry Bokanowski 是巴黎精神分析学会的培训和督导分析师，也是国际精神分析协会（IPA）的成员、巴黎精神分析研究所执行委员会的前秘书、《法兰西精神分析评论》（*Revue Française de Psychanalyse*）杂志的前编辑，他现任巴黎精神分析学会科学委员会主席。他在各种精神分析杂志［包括《国际精神分析杂志》（*International Journal of Psychoanalysis*）］上发表了多篇论文。他的著作包括《桑多尔·费伦茨》（*Sandor Ferenczi*）和《精神分析的实践》（*De la pratique analytique*）。

[2] Sergio Lewkowicz 目前是阿雷格里港精神分析学会的科学主任、精神病学培训和督导分析师、出版编辑部主任，南里奥格兰德州联邦大学医学院精神病学系精神分析心理治疗教授和督导，IPA 出版委员会成员，新奥尔良 IPA 第 43 届大会计划委员会成员（2004），南里奥格兰德州精神病学协会前主席，南里奥格兰德州精神病学杂志的前编辑。他发表了多篇关于精神分析技术的论文。

目录

导论

伊莱亚斯·马利特·达罗奇·巴罗斯[1]
(Elias Mallet da Rocha Barros)

[1] Elias Mallet da Rocha Barros是《国际精神分析杂志》(*International Journal of Psychoanalysis*)拉丁美洲版的编辑。他是巴西圣保罗精神分析学会的督导和培训分析师、英国精神分析学会会员和玛丽·西格尼信托奖(Mary Sigourney Trust Prize)的获得者。

在这篇前言中，我想从元心理学和临床的角度强调“分裂”（splitting）概念对当代精神分析的重要性。

一位作者之所以出名，与其说是因为他着手解决问题并给出答案，不如说是因为他所引入的议题的特质和意义。正是这些成就了历史，也体现了连续性（continuity）的本质。作者向我们提出了一个不能再被忽视的问题，这一问题综合了特定知识领域在特定时期的紧迫议题。我们必须直面这些议题。它们激起我们的兴趣，引发我们公开讨论，并且是我们不断扩展的知识的源泉。

正是在这个意义上，分裂的概念，由不同的作者提出，从 Freud 开始，后来由 Ronald Fairbairn、（尤其是） Melanie Klein、 Herbert Rosenfeld 和 W. R. Bion 揭示了其在产生一系列假设和概念方面的丰富性，这些假设和概念已经成为当前精神分析实践的特征。

今天，我们不再质疑是否存在一种被称为分裂的心理现象，无论它是作为一种防御机制还是心智建构过程的一部分。一旦视它为关键概念，目前我们想知道的是它如何参与心理建构，它产生了什么影响，以及自体和客体的分裂部分如何恢复。

1978 年， Donald Meltzer 在塔维斯托克诊所（Tavistock Clinic）开设的关于 Bion 思想的入门课程中讲道：

> 对于不熟悉如何使用分裂和投射性认同概念的人，以及那些可能对这些概念有点厌倦的人来说，可能很难意识到 Klein 夫人 1946 年的论文《关于一些分裂机制的笔记》（Notes on Some Schizoid Mechanisms）对那些与她密切合作的分析师产生的震撼人心的影响。除了 Bion 后期的作品之外，可以说，这之后的三十年的研究历史可以由现象学和这两个开创性概念的广泛影响来书写。（Meltzer，1978）[20]

这种洞察力预示了这个开创性想法在当今的情况，正如本书很好地证明的那样，它继续成为学术研究和进一步反思的对象。

为了理解这个概念非凡的重要性及其对精神分析理论和临床实践历史的

意义，这本合集的各位作者——作为他们研究的理论取向的代表人物，他们的名字不需要被进一步详细介绍——邀请我们穿越 Octávio Paz de 所命名的互文性（intertextuality）：从 Freud 之前的精神病学，到 Freud，再到 Klein 和 Fairbairn，最后到 Bion，“分裂”一词的含义历史悠久而错综复杂。这一术语的含义和不同作者构思其作用的方式，根据参与本书写作的不同作者的共时性和历时性解读差异而有所不同。

“心智分裂”（mind splitting）的概念早已被运用于精神病学，并且自古以来就出现在文学作品中。

虽然 Freud 是在 1937 年的圣诞节期间开始写他关于“分裂”（*Spaltung*）或“心智的分裂/分开”的文章，但本文直到 1940 年才出版，而他在 1924 年就已经提到了这个主题。

在他的文章《神经症和精神病》（Neurosis and Psychosis）（1924b [1923]）[152-153] 中，Freud 指出：“自我可以通过这三种方式之一避免崩溃，通过变形自身，通过屈服于对自身统一性（unity）的侵蚀，甚至可能通过让自身裂开（cleavage）或分开（division）。”

人类的心智有能力将痛苦的经历隔离开来，或者主动尝试将自己与这些经历隔离开来。这一点早已为人所知。由 Freud 引入，后来被 Klein、Bion 和 Meltzer 修改的这个概念的新颖独创性，在于提出自体（self）的两个或多个部分在精神世界中分裂，并继续生活在互相伴随但彼此隔离的生活中，根据它们各自的心理逻辑运作，过着不同的生活。

在 Freud 那里，分裂的概念似乎独立于投射的概念，而在 Klein 那里，这两种机制已经不可分割地联系在一起。我同意 Laplanche 和 Pontalis (1967)[429] 的观点，在 Freud 看来，分裂本身并不是防御机制，而是防御过程的结果。他们说，这种分裂“确切地说，不是自我的一种防御，而是使两种防御程序并存的一种手段，一种防御程序指向现实（拒认），另一种防御程序指向本能；第二种程序可能导致神经症症状（如恐惧症状）的形成”。

对于 Melanie Klein 来说，这个概念似乎与未整合（non-integration）状态的概念混合在一起，这是她得自 Winnicott 的一个概念，是活跃的分裂之前的一种状态。在这种情况下，分裂并不创造第一个心理结构，而是与之相伴开始行使功能。

Klein 在 1946 年将其与投射性认同的概念联系起来时，引入了一种对临床实践产生重大影响的创新思想，引导她重新定义并扩展移情的概念，也作为反移情的思想根基，而开始将反移情作为分析师理解病人心理功能的探索工具。 Klein 还介绍了这样一种观点，即从人格中分裂出来的一部分，被向外驱逐，之后可以重新被整合进来。

Bion 更进一步，提出不仅自体的部分可以被分裂，心理功能也可以被分裂。

心理分裂更直接的后果是精神生活的贫乏。当病人从痛苦和无法承受的情绪中分离出来时，他也从能够拥有那种情绪的那部分自体中分裂出来。这种贫乏以各种形式发生。人失去了精神生活的连续性，因此他对自己的感受和行为负责的能力减弱，因此他干预自己命运的能力受到严重影响。由于情感体验之间失去连接而分裂，象征化的能力和建构心理表征的可能性明显受到阻碍。

考虑到分裂这一概念对精神分析理论和实践的意义，我相信， Kancyper 触及了一个本书通篇处理的关于分裂概念的核心问题。他引用 Roussillon（2006）的文献来说明心理结构的分裂/被分裂（splitting/split）的影响与历史化（historicization）议题的关系：是什么“使其自身在个体中成为现实的表征本质？为了理解这个问题，历史化——作为一种掌握心理表征的手段，作为一种表征真实自我的能力——仍然是一条捷径和主要道路。历史化，为有利于象征化主体性工作的必不可少的转化过程开辟了道路。”

Thomas Ogden （1992）[614] 将这两种位相（偏执-分裂和抑郁）定义为“产生体验的手段”，他对个体在成为自己历史的一部分和产生自己的历史（或不能这样做）方面的作用以及主体性的辩证构成的议题，进行了非常丰富的反思。一种产生体验的非历史性方法剥夺了个体所谓的“我性”（I-ness），也就是通过“一个人的自体和一个人的感官体验之间的中介实体”来诠释他自己的意义的能力。

分裂造成的历史不连续感导致情感肤浅，这也影响了一个人与自己的自体，或如克莱因学派（Kleinian）所说的内部客体之间，保持鲜活的亲密对话的可能性。在我看来，自体的分裂，对与我们自己或与他人建立亲密关系的能力的影响，似乎是其最有害的作用之一，因为其直接干扰了理解意义的过程。

在记忆和/或心理功能之间建立障碍（Bion 所指的不仅是自体部分之间的分裂，而且是心理功能的分裂）时，分裂的机制通过破坏或碎片化情感体验的意义，干扰了人类精神生活的核心结构，继而也使产生象征的能力趋向枯竭。从这个意义上说，Bokanowski、Bolognini 和 Kancyper 在本书中提供的临床案例精彩地阐明了这一点。随着生活连续性感觉的丧失，个体也失去了在保持一定距离的状态下，给体验重新赋予意义的可能性。在这个意义上，Bokanowski 非常恰当地指出这个事实，即克服分裂是产生重新赋义的唯一手段。他引用了 Baranger 等人（1987）的一句话："*Nachträglichkeit*（重新赋义）是试图在新的历史化中构成创伤，也就是说，使它可以被理解。" 在这种情况下，精神分析会谈中对潜意识分裂产生的洞察力，将病人从一种建构生命历史的方式中解放出来，这种方式被过去的情感经历严重限制，导致自动重复模式，并使病人生活在危险的氛围中。

在这种背景下，整合分裂的部分还具有释放未来（future -freeing）的功能，历史学家 Lucien Febvre（1946）将其归因于历史研究，当时他说："是的，在历史中，去创造历史能够，而且只有它能够，让我们以本能反应的方式生活在一个持续不稳定的世界中，而不只是在那里感到恐惧。"今天，重新整合自体和客体的分裂部分，不仅与重建过去的创伤有关，最重要的是，还与个体将自己视为其历史的主体的可能性有关。

重要的是要强调，只有通过整合自体分裂部分，才有可能实现"修复过去的创伤情境"这一目标，既然如此，我们假设"分裂部分已经在它们彼此之间发展出亲密"是整合的先决条件。这从根本上意味着以前分裂和断开的病人心智的情感网络，已经在它们自身之间建立了联结，因此开始居住在同一个情感宇宙中。

我相信，在分析师的一个重要群体中，现在有一个共识，即反移情起源于投射性认同的过程，因此以分裂为基础。通过投射性认同，病人将自体的一些方面（或全部）投射/分裂到分析师身上。分析师（投射性认同的接受者）在投射中暂时成为被病人否认/分裂的那些方面。他将自己转变为病人因冲突而不能存在的我/自体。因此，病人与之冲突或无法忍受的那部分生活，由分析师代替病人去体验。投射的接受者（分析师）成为病人否认他自己自体的过程的参与者，因此作为一个分裂的主体存在于病人的幻想中。他同时是病人的自体和非自体。因此，病人的投射部分，总是指自体的分裂部分，在分析师的主体性中被客体化。Ogden（1994a）指出，相互否认的结果是创造了第三方主体——“投射性认同的主体”，它同时既是也不是投射者，同时既是也不是接受者。在这个过程中，接受者（分析师）在向投射者（病人）主体性所否认的方面让步（为其创造出一个空间）时，否认了他自己的自体。

Freud 对分裂概念的引入，以及接下来那些赋予其连续性的人所做的修改，通过投射性认同的概念，对反移情的概念产生了直接的影响，使其他临床思想和方法的形成成为可能，这在以前可能是不可想象的。我们可以引用 Ogden 在 1994 年提出的“分析性第三方”（analytic third）概念和 Antonino Ferro 提出的“分析性-配对”（analytic-pair）概念作为这一开创性概念发展的成果。在这方面，我们还可以提及，例如，容器/被容纳（container/contained）和遐思（reverie）的概念。

我相信我们可以在这里结束，邀请读者全神贯注地来阅读每一篇论文，并牢记，由于有分裂的概念，今天我们可以依靠更丰富、更复杂和更具挑战性的精神分析理论和实践。

第一部分

《防御过程中自我的分裂》

（1940e [1938]）

西格蒙德·弗洛伊德（Sigmund Freud）

有那么一刻，我发现自己处于一个有趣的境地，不知道我要说的是应该被视为早已熟悉和显而易见的东西，还是应该被视为全新的和令人费解的东西。但我倾向于认为是后者。

最终我对这样一个事实感到震惊，即我们所认识的在分析中的那个病人，这个人的自我，在几十年前，当它还年轻的时候，一定在某些特定的压力情况下表现得令人惊异。我们可以笼统而模糊地描述这种情况发生的条件，可以说它是在心理创伤的影响下发生的。我倾向于选择一个被明确界定的特例，尽管它肯定不能涵盖所有可能的起因模式。

那么，让我们假设，一个孩子的自我受到一种强烈的本能需求的支配，这种需求是他习惯于去满足的，他突然被一种经验惊吓，这种经验告诉他，这种满足的持续将导致一种几乎无法忍受的真实危险。现在必须决定，要么认识到真实的危险，向危险让步，放弃本能的满足，要么拒认现实，使自己相信没有理由恐惧，以便能够保持满足。因此，本能的要求与现实的禁令之间存在着冲突。但事实上，孩子没走任何一条路，或者更确切地说，他同时走两条路，结果是一样的。他用两种相反的反应来回应冲突，这两种反应都生效并造成影响。一方面，在某些机制的帮助下，他拒绝现实，拒绝接受任何禁令；另一方面，他同时意识到现实的危险，将对这种危险的恐惧视为一种病理症状，并随后试图摆脱这种恐惧。必须承认，这是一个非常巧妙的解决困难的办法。争端的双方各得其所：本能得到满足，对现实表现出适当的尊重。但在这样或那样的方式中，一切都必须付出代价，这种成功是以自我的裂缝为代价的，裂缝永远不会愈合，甚至随着时间的推移，它会增大。对冲突的两种相反反应一直是自我分裂的中心点。在我们看来整个过程似乎如此奇怪，因为我们理所当然地认为自我过程具有统合的本质❶。但在这一点上我们显然错了。自我的统合功能，虽然极其重要，但受到特定条件的制约，容易受到各种干扰。

---

❶ 例如，参见《精神分析新论第 XXXI 讲》（*Lecture XXXI of the New Introductory Lectures*）（1933a）标准版第 22 册 76 页的一段，以及那里的编辑脚注，其中提供了一些其他参考资料。

如果我在这篇概要论文中介绍一个个案的历史，会有所帮助。一个小男孩，在他三到四岁之间，被一个大些的女孩引诱而熟悉了女性生殖器。断绝这些关系后，他通过狂热地进行手淫，继续着这种性刺激；但他很快就被精力充沛的保姆抓住了，保姆威胁要阉割他，像通常的情况那样，保姆威胁说会由他的父亲实施阉割。因此，在这个案例中，有产生巨大的恐怖效果的条件。阉割的威胁本身并不需要给人留下深刻的印象。一个孩子会拒绝相信它，因为他无法轻易想象自己有可能失去身体如此珍贵的部分。他（早先）看到的女性生殖器可能让这个孩子相信了这种可能性。但他并没有从中得出这样的结论，因为他太不愿意这样做了，而且没有任何动机可以迫使他这样做。恰恰相反，无论他曾感到怎样的不安，都会因想到缺失的东西迟早会出现（她稍后会长出一个阴茎）而平静下来。任何观察过足够多小男孩的人，都能够回忆起他们在看到小妹妹的生殖器时给出过类似的评论。但是如果这两个因素同时存在就不一样了。在这种情况下，威胁唤醒了对迄今为止被认为无害的感知的记忆，并在记忆中发现了可怕的证据。小男孩现在认为他明白了为什么女孩的生殖器没有阴茎的迹象，也不再冒险怀疑他自己的生殖器可能会遭遇同样命运的现实。从此以后，他不得不相信被阉割的危险确实存在。

害怕阉割的通常结果，也就是正常情况下的结果，是男孩立即或在经过相当剧烈的挣扎之后，屈服于威胁并完全或至少部分地服从禁令（即不再用手触摸他的生殖器）。换句话说，他全部或部分地放弃了本能的满足。然而，我们会发现，我们现在的病人找到了另一条出路。他创造了一种替代物来代替在女性身上缺失的阴茎，也就是说，一种恋物（fetish）。在这样做的过程中，他确实拒认了现实，但他拯救了自己的阴茎。只要没有迫使他承认女性失去了阴茎，他就没有必要相信对他的威胁：他不需要担心自己的阴茎，这样他就可以不受干扰地进行手淫。病人的这种行为背离了现实，强烈地震惊了我们——我们宁愿为精神病保留这一程序。事实上（恋物癖和精神病）并没有太大的不同。然而，我们将暂缓判断，因为经过仔细检查，我们将发现一个并非不重要的区别。这个男孩并没有简单地反驳他的感知结果，并产生关于一个看不见的阴茎的幻觉；他只不过做了价值的替代——他将阴茎的重要性转移到身体的另一部分，在这个过程中，他得到了退行机制的帮助

（以一种不需要在这里解释的方式）。诚然，这种替代只与女性身体有关；至于他自己的阴茎，一切都没有改变。

这种几乎可以用巧妙来形容的处理现实的方式，对于男孩的实际行为来说是决定性的。他继续手淫，仿佛这对他的阴茎没有任何危险。但与此同时，与他表面上的大胆或冷漠完全相反，他出现了一种症状，表明他确实认识到了危险。他曾被威胁要被父亲阉割，紧接着，随着他的恋物的产生，他发展出对父亲惩罚的强烈恐惧，这需要用他男子气概的全部力量来控制和过度补偿。对父亲的这种恐惧仍对阉割主题保持沉默：在退行到口欲期的帮助下，它呈现出害怕被父亲吃掉的形式。在这一点上，我们定会想起希腊神话的一个原始片段，它讲述了古老的父神 Kronos 如何吞噬了他的孩子们，并试图像对待其他人一样吞噬他的小儿子 Zeus，以及 Zeus 如何被母亲的巧思拯救，并且后来阉割了父亲。但我们必须回到我们的病例历史，并补充说，这个男孩产生了另一种症状，尽管是个轻微症状，他一直保留到今天。这是一种对他的任何一个脚趾被触摸的焦虑易感性，仿佛在拒认和承认之间的所有来回往复中，阉割仍然找到了更清晰的表达……

第二部分

对《防御过程中自我的分裂》的讨论

关于自我的分裂：概念的历史

艾拉·布伦纳（Ira Brenner）[1]

人类的思想引导我们去思考事物的起源和本质。虽然这种好奇心不是我们物种的专属，但我们的灵长类表亲似乎更关心寻找食物、合适的配偶和生存等更基本的问题。我们不仅关心这种本能的需求，同时也关心更崇高的主题。数千年来，我们惊叹于人性、我们的存在和宇宙起源等，这些很可能会继续占用我们的注意并令我们烦恼更多年。这些难以言喻的问题不仅催生了科学探索，也挑战了我们的想象力，激活了初级过程的思维，并提供了一幅可以描绘投射现象的画布。随着这些心理过程的融合，产生了丰富的思想、理论和信仰体系，我们不得不注意到，在我们理解和组织世界的尝试中，某些模式不断出现。其中一种模式是，事物可以通过分开（divided）、分离（separated）或分裂（split）成两个或多个部分而改变。例如，细胞分裂是生命的基本模式之一。这是一个空间模型，比起基于更抽象但更复杂的时空

---

[1] Ira Brenner是杰斐逊医学院（Jefferson Medical College）的精神病学临床教授。他是费城精神分析中心的培训和督导分析师，他是该中心成人心理治疗培训计划的主任。他发表了60多篇关于精神创伤的文章，最著名的是《最后的证人：大屠杀的儿童幸存者》（The Last Witness：The Child Survivor of the Holocaust）（与Judith Kestenberg合著）、《创伤的解离：理论、现象学和技术》（Dissociation of Trauma：Theory，Phenomenology，and Techniques），以及《精神创伤：动力学、症状和治疗》（Psychic Trauma：Dynamics，Symptoms and Treatment）。他还与Nadia Ramzy一起编辑了《应用精神分析研究杂志》（*Journal of Applied Psychoanalytic Studies*）的特刊、《大屠杀的回响》（*Reverberations of the Holocaust*）（2002）等。此外，他还荣获了多个奖项，包括2001年获得的皮埃尔·珍妮特写作奖（Pierre Janer Writing Award），以及2000年作为杰出校友从杰斐逊医学院获得的西蒙·格拉茨奖（Simon Gratz Award），他毕业于杰斐逊医学院并成为荣誉阿尔法欧米茄协会（honorary Alpha Omega Society）的成员。他在大费城地区私人执业，并持续在国际范围内分享他的知识。

连续体概念的模型，它似乎更容易被理解，后者对我们的心智来讲不那么显而易见（Brenner,2002）。

尽管 Freud 是一个“不信神的犹太人”（Gay,1987；Rizzuto,1998），但他自己的与宗教相关的遗产的影响一直是人们关注的话题（Halpern,1999；Ostow,1989；Yerushalmi,1991）。甚至有人推测，将事物分离的传统，如犹太饮食戒律中的传统，可能微妙地影响了 Freud 对精神组织的思考（Brenner,2003-2004）。他发现在精神的领域，分裂的概念如此有吸引力，以至于除了意识的分裂和心智的分裂（Freud,1895d），他还将其应用于关于神经症（1940a [1938]）、倒错（1923b）和精神病（1940b [1938]）的阐述中。尽管 Janet（1889）在 Freud 之前就提出了精神断裂导致的崩溃或解离理论，但他的模型基于创伤和体质因素提出了被动的失整合，而 Freud 的动态模型是基于冲突、焦虑和潜意识动机。正如 Pruyser（1975）指出的，“将心智分裂的吸引力……”诱惑了很多人，经受了时间的考验。

Freud 思想的演变

在 Freud 的早期著作中，他和 Breuer 描述了“意识的分裂”（Freud,1895d），其中一部分精神内容从占主导地位的想法中分离出来，它是压抑（repression）这一“基石”概念的前身。他们还提到“人格分裂”，即出现相反的行为状态。此外，他们还讨论了“心智的分裂”，其特点是意识和潜意识思维同时存在。这一观察结果尤其令人困惑，因为病人可能会在不同的心智状态之间切换，他们进行对话，凭意志行事，在某个时候形成关系，然后切换到另一种状态，并对上述所有情况产生记忆缺失。Breuer 在 Anna O. 的例子中很好地描述了这一现象，她的“阴云”、暴躁的情绪和癔症（hysterical）的症状，会随着她从严重障碍的自体向她通常呈现的那部分自体的切换而消失，并完全被忘记。这位身患重病、悲痛欲绝的年轻女子被她深爱的父亲的病情恶化和死亡彻底摧毁，她需要高剂量的水合氯醛和她自己命名的“谈话疗法”。当确定“意识分裂的动机……是防御”时，精神分析真正诞生了。（然而，在将近一个世纪之后，他才开始进行精神分析与药物治疗相结合的严肃讨论，Anna O. 其实也是这个主题的先锋。）

与 Janet 关于体质虚弱和无法维持心智统合的论点相反， Freud 认识到，可以从对立的精神力量的冲突中“动态地”理解心智的分裂（Freud, 1910a [1909]）[25-26]。然而，他从对意识、解离（dissociation）和癔症状态变化的研究转向了对压抑、结构模型和自我分裂的研究，这是精神分析史上的决定性转折事件，留下了许多有待从他早期的工作中学习的东西。

重新阅读他与 Breuer 的合著让我想到，即使在当时，他也从未完全接受过 Breuer 关于催眠状态的观念。他自己对合著的个人贡献包括他的病例报告和他关于癔症的心理治疗的部分——似乎从一开始就反映了他们的理论差异。Breuer 强调“催眠性”（hypnoid）癔症和“记忆保持性”（retention）癔症，而 Freud 更喜欢“防御性”（defence）癔症，他认为这是其他两种亚型的根源。此外，Freud 并不像 Breuer 那样擅长催眠，也许他有点急于用自己的方法取代催眠。在这样做时，他似乎忽略了自己的观察，即可能会出现自发的自我催眠状态（Freud，1891d），事实上，对自由联想来讲，这种状态可能非常难以处理，除非分析师注意到它正在发生，并能与在恍惚状态下的病人合作（Brenner，1994）。因此，Breuer 的许多工作成果从未完全融入精神分析思维的主流或“主导思想”。然而，“心智中的分裂”这一想法一直存在，并在 Freud 的一生中不断被改写。将自我的分裂视为压抑之外的另一种防御方式，它是一种控制心理伤害的方式，可能通过“使自己变形……甚至通过让自身裂开或分开”来避免彻底解体。“这样，人的前后矛盾、怪癖和愚蠢就会以一种与他们的性倒错相似的方式出现，通过接受性倒错，他们就避免了压抑。”（Freud，1924b [1923]）[152-153]

在“他作为创造者最后一次对思想的叙述”（Freud，1940e [1938]）[143]中，Freud 关于自我分裂的最终思想被总结在《精神分析纲要》（*An Outline of Psychoanalysis*）的第八章“精神装置和外部世界”（The Psychical Apparatus and the External World）：

两种（而不是单一的）心理态度已经形成，其中考虑现实的那一种态度是正常的，而另一种是在本能的影响下脱离现实的。两者并存。问题取决于它们的相对力量。如果第二种更强大或变得更强大，精神病的必要先决条件就存在了。如果可以逆转它们的关系，那么显然可以治愈这种妄想障碍。事实上，它（妄想）只是退缩到潜意识中，正如无数的观察让我们相信，妄想在它明显爆发之前已经存在了很长一段时间。(Freud,1940a [1938])[202]

Freud（1922b）提到了一个长期偏执狂的案例，病人的梦更多地基于现实，而不是他白天的妄想，他认为，在所有的精神病病例中，也都在进行自我的分裂。Federn（1952）详细阐述并扩展了这些与精神病有关的观点，描述了自我状态，并介绍了自我边界的概念。然后，Watkins 看到自我状态概念的适用性，他详细阐述了 Federn 的观点，并将其与几乎被遗忘的解离性精神病理学领域联系起来（Watkins et al.,1997）。虽然 Freud 对精神分析在治疗严重障碍的病人方面的效果不那么乐观，但他认为他们很好地说明了这一现象。然而，他认为恋物癖的情况更具说明性，是“研究这个问题的一个特别有利的主题”（Freud,1940a [1938]）[203]。在这种情况下，他主张，对阉割的恐惧是如此压倒性的，以至于这个小男孩：

拒认他自己的感官知觉，即女性生殖器缺少阴茎，并坚持相反的看法。然而，这种被拒认的感知并不是完全没有影响的，因为尽管如此，他没有勇气断言自己确实看到了一个阴茎。相反，他抓住了其他替代的东西——身体的一部分或其他物体，并赋予它阴茎的角色，阴茎是他不能没有的。因此，这种行为同时表现出来两个相反的假设。一方面，他们拒认感知的事实，即女性生殖器中没有阴茎，另一方面，他们认识到女性没有阴茎的事实，并从中得出正确结论。这两种态度在他们的一生中并肩存在，互不影响。这可能就是所谓的自我的分裂。因此，在恋物癖中，自我与外部世界现实的分离从未完全成功。(Freud,1940a [1938])[202-203]

Freud 认识到这种现象在梦的状态下也在运行：

做梦者的自我可能会在显梦中出现两次或两次以上，一次是作为他自己，另一次是伪装在他人的形象后面。就其本身而言，梦中的这种多样性并不比清醒状态下自我的多重样貌更引人注目。(Freud，1923c [1922])[120-121]

这种自我的分裂。既不新鲜也不陌生。确实是神经症的一个普遍特征，关于某些特定的行为，有两种不同的态度，彼此对立，彼此独立。然而，在神经症的例子中，其中一种态度属于自我，而对立的另一种，被压抑了，属于本我。(Freud，1940e [1938])[275]

鉴于 Freud 的理论随着时间的推移而演变，他引用分裂的概念来描述在本我和自我、自我和超我之间意识的分开，以及在自我本身内部意识的分开。他的追随者们将这一机制应用于几乎所有的他们自己的心智模型，比如观察性自我和参与性自我之间的标准分裂（Sterba，1934）、客体关系理论中的分裂（Klein，1946），以及自体心理学中的垂直分裂（Kohut，1971）。Lacan（1953）也强调了自我的分开。然而，Freud 想将梦心理学与心理学联系起来（Lewin，1954），以及将催眠性癔症与"主流"分析思维整合起来（Brenner，1999），他的这两个愿望都受挫了，缺失了似乎可以联系两者的一个连接。以下几位作者都对这个方向的发展有所贡献：Fliess（1953）描述了"催眠逃避"（hypnotic evasion）；Dickes（1965）将催眠状态重新定义为警觉性的防御性改变，以抵御本能压力；Shengold（1989）描述了"自我催眠防御"（autohypnotic defense）用以促进和提高警觉的方面。

临床报告

也许展现一份临床报告是说明自我分裂概念的历史和阐明这种缺失了的连接的最佳方式，在该报告中，我对病人心智分裂本质的理解在 20 年的分析治疗中不断发展和深化。

在一节分析中，可能有好几次，"Mary"（Brenner，2004）会突然摘下眼镜。由于镜片的放大作用强化了她眼神的死气沉沉和表情的空洞呆板，在这个突然的动作之后，会看到她怒火中烧的眼神，这前后的对比使整个情形更具戏剧性。在这些时刻，病人的声音、句法、肢体语言和整体行为都发生了变化。就好像一个被蒙住眼睛、戴着镣铐的略带险恶的囚犯刚刚挣脱束缚，撕下眼罩，嘲弄地对那些受惊的捉拿者宣布："我自由了！试着阻止我！"对病人心智的这个方面来说，不被别人看见的隐蔽性很重要，就像一个不祥的恐怖分子，执意秘密破坏和扰乱社会的日常功能。病人几乎像是在嘲弄我，病人的愤怒似乎源于我在场。起初，我感到不安和困惑，因为病人只是瞪着我，嘲笑我，用第三人称谈论 Mary，好像她被劫持为人质。

值得注意的是，在她的症候群中，她的视觉感知发生了显著变化。有时她会失去周边视觉，感觉自己好像戴着眼罩；其他时候，事物在她看来非常模糊，就好像她在水下睁开眼睛；还有一些时候，她的视野变暗了。虽然这些障碍与癔症性转换症状更为一致，但视觉上她眼睛的折射显然发生了更令人费解的变化，这使她在某种心智状态下，不戴眼镜也能看清东西——即使不比戴眼镜时更清楚。事实上，如果她在这种自我状态下继续戴着眼镜，接下来她的视力就会再次变得更加模糊。如果我没有在其他几个病人身上看到这种现象，我会质疑她的说法的真实性，例如，一名妇女根据由两位眼科医生开的不同处方，使用了两副折射率非常不同的眼镜。在另一个这类的例子中，一个女人也像 Mary 一样大多数时候戴着眼镜，而她在处于某种心智状态时做了错误的决定，去做激光手术来矫正近视。尽管我敦促她推迟手术，至少要等到我们了解更多关于她何时以及为什么不需要眼镜的信息之后，但是她否认存在自我分裂状态的可能性的决心如此之大，以至于她做了手术。我担心，当她陷入神秘的另一种状态时，为纠正她的近视而进行的不可逆转的手术将给她带来灾难，导致视力严重受损，甚至用另一副眼镜也无法改善。不幸的是，我是对的，她遭受了一个非常不令人满意的结果，她的眼科医生完全失败了。想到这些临床经验，我不得不考虑到这种可能性，即 Mary 因精神-生理障碍的异常表现而切换精神状态，这影响了控制她眼球形状的不随意肌和她的镜片焦距。

此外，病人对怒目而视的愤怒状态下的那段时间有记忆缺失。她不仅不记得在这些插曲中说了什么，甚至不记得自己经历过这些插曲。几个月来，她甚至没有注意到自己失去了任何时间。相反，她会感到惊讶，一节分析似乎很快就结束了，她试图掩盖自己对此的困惑，以免泄露关于她看似分离的自体们的秘密，这显然是她最想对自己隐瞒的秘密。引起她的好奇心是最困难的，因为她对这一切都流露出一种不屑一顾的态度，这种态度与癔症中描述的“美女冷漠”（la belle indifference）非常一致。

正如 Breuer 在著名的 Anna O. 病例中所述，“谈话疗法”缓解的第一个症状是她不能喝水。这与当她看到家庭女教师的狗从杯子里喝水时感到厌恶有关，而这种厌恶又与她父亲死于肺结核并发症和他的咳痰联系起来。看到宠物狗从玻璃杯里喝水，她感到如此恶心，这压垮了她，以至于她的大脑求助于一个相当激烈和破坏性的解决方案——分裂她的意识。在他们共同撰写的初步笔记中，后来 Breuer 重申了这一点，而 Freud（1895d）[12] 批驳此观点：观察到“意识的分裂，以‘双重意识’的形式呈现，在众所周知的经典案例中是显著特征，这种基本的形式出现在每一个癔症病例中……”。显然 Jones（1953）印象深刻，还提到 Anna O. 是双重人格的案例，而癔症性转换症状显然比双重人格问题有趣得多，也许更容易匹配进 Freud 的系统理论。事实上，Freud（1895d）[186] 承认，“太奇怪了，在我自己的经历中，我从来没有遇到过真正的催眠性癔症”。

有趣的是，经过多年的治疗后我发现，Mary 也与狗有着深厚的联系❶，这让人震惊。然而，她与狗的关系远比 Anna O. 与狗的关系更亲密。仅仅看到一只狗用舌头舔水就触动了 Anna O.，而 Mary 最终回忆起，在她十几岁的时候，她实际上是通过让狗用舌头舔她的体液来获得性快感的。当她为一个有一只特别可爱的狗的家庭照看孩子时，她真的教狗舔她的阴道直到达到性高潮。有好几年，每次她照看孩子的时候，她都会进行这种秘密的、充满羞耻感的性行为，但后来不知何故，她把它抛诸脑后，直到我们开始意识到存在缺失，然后有关记忆开始恢复。据文献中的报告，当 Anna O. 的记忆恢复后，她的状况有所改善。而当我们都开始疑惑，最开始这样一个年轻的女孩怎么会想到把狗作为性伴侣时，Mary 的状况持续恶化。事

---

❶ 狗在其他病人病史中的作用已被充分记录（Escoll，2005）。

实上，即使在早期，Freud 已经对宣泄疗法本身及其治疗效果表示怀疑，因为创伤记忆和致病观念的复杂心理组织“至少以三种不同的方式分层”（Freud，1895d）[288]。他描述了不同区域的潜意识变化，根据时间顺序、主题和语词连接，围绕原始创伤的核心进行组织。

对 Mary 来说，狗为她口交的记忆恢复，确实是俗话说的冰山一角，因为在治疗早期就被提及的家庭混乱具有更不祥的性质。然而，随着时间的推移，这些记忆的恢复是零碎的、痛苦的。Mary 一心想通过频繁大量饮酒来摧毁自己的思考和记忆能力。她指出，晚餐前的“欢乐时光”过后，她的工作是为父亲准备酒。他喝得酩酊大醉，从家庭画面中消失了，把 Mary 和她的姐妹们留给了专横和虐待狂的母亲。显然，Mary 认同了一个酗酒的父亲，他退出了，不“知道”发生了什么，因此，通过酒精，Mary 也增强了让自己不知道的心理愿望。知道的和记住的东西被隔绝在愤怒、怒目而视、改变的意识状态中，以及其他一些随着治疗进展最终可以被识别出的状态中。

正如 Breuer 和 Freud（1895d）[12]最初所描述的那样，“这种解离有一种倾向，并伴随着异常意识状态的出现（我们将在‘催眠’，这个定义下进行讨论），它是这种神经症的基本现象”。然而，在这一点上，Breuer 的观点是致病性影响产生于自我催眠（autohypnotic）、自体催眠（self-hypnotic）或者催眠状态期间发生的创伤事件，和/或导致催眠状态本身的创伤事件；与此相对的 Freud 的观点是，被压抑的性本能是癔症的潜在病因。在 Freud 的理论中，他努力调和自己与 Breuer 的观点。在 Mary 和 Anna O. 的病例中，越来越多的临床证据表明，癔症视觉症状和催眠状态都与记忆缺失相关。早期创伤在 Mary 身上的作用尚未明确，但潜意识性冲动的重要性已经显现，因为促使她接受治疗的突发事件是与一位年长女性诱人的示爱有关的同性恋恐慌，这让病人感到难以承受的内疚和自杀倾向。

一个戏剧性的事件，让看似分离的自体清晰地呈现在人们面前，那就是她用藏在一本书的装订位置的刀片割伤了自己。她通常呈现的意识状态的 Mary（即她“占主导的思想群”）所不知的那个人，那个“第二种状态”（Freud，1895d），故意把刀片放在一个不显眼的地方，除非知道它在那里，否则找不到。因此，刀片已经待在那好几天，直到一个合适的绝望时刻出现，她的另一个自我能够产生足够的力量，来专注和“接管”意识，以便执行这一行动。当被发现时，病人以一种不相称的平静声音和举止，将自己认定为 Priscilla，并以第三人称描述了这起事件，坚称“她”尽了最大努力限制流血，暗示其内部存在一种几乎无法容纳的、分裂的、毁灭性的影响。这种毁灭性的影响最终被称为 Ralph，是那个不需要眼镜的人，在“他的”头脑中，也不需要任何形式的治疗。

随着时间的推移，许多不同的人格被曝光。例如，有时病人会被神秘的幻听折磨，听到一个被吓坏的小男孩喊“上帝要杀了我！”反复听到这样的求助，Mary 变得心烦意乱，并通常伴随着焦虑不安和困惑。这个声音与一个被困在内部的小男孩 Timmy 有关，他相信如果病人继续说话，然后“他”就会被消灭。另一股阻止病人讲话的力量来自一位名叫 Flora 的老妇人，她是审查员的化身，她把病人的喉咙掐得越来越紧，直到她喘不过气来。这两个“他者”代表着一种症状和一种抑制，有效地阻止 Mary 继续她的自由联想，正如我们后来意识到的那样，他们起到了威慑作用，阻止她透露有关她与母亲关系的任何秘密。此外，还有几个年轻女孩，可以从内部听到她们悲伤、恐惧和痛苦的哭声，如果她们接管意识，那么就能直接向我表达自己，让我在外部听到这些哭声。然后是一个“透明人”，他就像一个心理棱镜，将能量引导到 Mary 或 Ralph 身上。如果“透明人”给后者加燃料，那么他可能会变得更加愤怒、更加强大，并再次接管意识。

这一系列令人眼花缭乱的其他“人格”，以及其他许多短暂出现的、罕见的表现，似乎都居住于病人的心理世界，并为她提供了各种各样的功能。在一个层面上，它们代表了她内心的冲突，但在她的体验中，是以人际冲突的形式感受到这些不同部分之间的冲突。作为一个多用途的结构，尽管它们有各自的传记和凝聚力，仍可以传递出自体的整体连续感，作为对缺乏自我恒常性和客体恒常性的防御。缺乏恒常性与分离和灭绝焦虑有关。他们拥有相互矛盾的观点、情感、幻想、驱力和自我能力。例如，Mary 是唯一会开车的人，而 Ralph 和 Mary 同样擅长作画，但画的主题通常非常不同。Ralph 画血腥、鲜活、暴力的场景，这吓坏了 Mary。Mary 最终放弃了绘画，因为她担心由自己开始的任何项目都可能会被 Ralph 劫持。一旦她深层潜意识的困扰通过出现在画布上而被外化时，那个画面就会“作用回她身上”，不断地折磨她。由于不受欢迎的、时机不恰当的诠释会产生压倒性的影响，并增加阻抗，Mary 的艺术联想因此受阻；她已经十多年不再画画。

在试图“接管身体”的过程中，Ralph 产生了一种准妄想，认为只要他能杀死 Mary，他就会胜利，那时他想干什么就干什么。他想要变性。“他”认为自己是一个被困在女性身体里的男人，因此，病人经历了一场变性冲突，表现为 Mary 和 Ralph 之间对身体性解剖学的命运进行的斗争。如果 Ralph 有办法的话，他会自己做；或者如果他有钱的话，会找外科医生帮助，切除乳房，封闭阴道，制作阴茎。他研究如何注射男性激素，以获得面部毛发并促进性别转变。病人还加入了一个变性人组织，以便在经历这一过程时获得支持。这位病人甚至通知她的社区成员，从今以后人们应该叫她的男性名字“Phillip”，这是一个她相信居住于内在的、处于潜伏期的男孩的名字，他在青春期时隐匿到内心深处。

当乳房发育，月经初潮开始时，“他”无法忍受成为一个女人这个现实，这导致病人的自我分裂，类似于 Freud 之前描述的恋物癖机制。病人渴望回到不那么冲突的时期，希望她的性发展重来一遍，而这次成为男人。不过，病人的性更加复杂，因为不同的自体似乎有不同的性的形式。例如，Mary 处于一段忠诚的女同性恋关系中，面对咄咄逼人、要求苛刻的情人，她是一个更被动的性伴侣。另一方面，Ralph 憎恨他的伴侣，不止一次试图掐死她。他有强烈的施受虐倾向和色情倾向，在移情幻想中被高度唤起，这种幻想是打碎装有我的照片的相框玻璃，抓起碎片，冲到我身边，切开我的喉咙，割断我的阴茎，并在这个过程中达到高潮。因此，以双性恋施受虐、变性和兽交的形式出现的倒错性欲似乎存在于不同的自我状态中。他还谈到跟踪幼童的冲动，但没有去实施。尤其是，伴随着如此多的痛苦、内化的攻击和羞耻，病人要成为男性的深刻渴望是最强烈的，因此其自杀倾向大多是围绕着对身体支配和性的命运展开的斗争。病人穿着男装，经常在其内裤里放一只卷起的袜子，形成了一个像阴茎一样的凸起。实际上，病人有时会把它放在那里好几天，不换内衣，因糟糕的卫生状况而患上尿路感染。此外，身体各部位的毛发长度也成为这场战争的战场，这场战争往往涉及生死。她服用了过量药物，直到几天后才告诉别人，这几天里她有时昏迷有时醒过来，反复呕吐，导致吸入性肺炎，她的困境受到了高度重视。此外，由于她没有大声呼救，而是默默地退缩，这种模式在治疗中断期和休息时出现，与成人版的回避型依恋障碍相一致，她的状况尤其令人担忧。如果头发太长，或者腋下和腿部毛发被剃光，那么她可能会出现严重退行，随着时间的推移，我能够在这些非常激烈的“领土争端”中作为调解人进行干预。

一幅画中，一名女子叉开双腿跨在小女孩身上，在给小女孩编辫子，而这幅画触发了她童年的创伤记忆。Mary 联系我，说她有非常紧急的事要告诉我。她透露，从她可以记起的最早记忆开始，直至现在，母亲都要求她成为性伴侣和快乐的来源。随着时间的推移，在她不同人格的帮助下，她绘画能力的恢复和对梦的回忆，让这一惊人的真相逐渐充实并显现出来。Mary 经常会报告一个梦，在梦中她是一个超然的旁观者，目睹一个不知名的孩子以某种方式受到伤害和骚扰。然后，在做了这个梦的那几天，她可能会不由自主地陷入“催眠”状态，成为一个非常年幼的孩子，叙述或发泄与梦中描述的几乎相同的创伤经历（/情绪）。然而，在自我催眠状态下，病人对梦没有记忆，反之亦然。这种相互的记忆缺失似乎切断了记忆、梦和重温之间的联系，维持了以防御为目的的自我的分裂。

她梦境中反复出现的重要主题是在水下待太久，以至于她无法再呼吸，并想象自己可以在水下飞翔和呼吸。在她做了这样一个梦之后，在解离的儿童状态中，她的描述会在以下两者间切换：或是在浴缸里被母亲按在水下太长时间，以至于她的心智被切断；或是在被从水中拉出来后重新体验喘息、喉咙灼热和情感空白。以主体间的方式，我为她体验到了恐惧，因为她的体验变得太死寂，以至于无法有意识地感受到这种恐惧。病史中的视力模糊症状，“好像在水下”，也与这种折磨有关，经过几次治疗中的发泄时期后，症状有所缓解。在重建童年的过程中，Mary 回忆说，她的母亲会脱掉衣服，坐在她脸上，就像那幅画中那样，两腿分开跨坐在她身上，教她舔她的阴道，直到她满意的时候，才筋疲力尽地翻身离开 Mary。作为年幼的孩子，Mary 对性兴奋、性高潮或月经一无所知，被吓坏了，但在任何情况下都必须随时按要求完成任务，否则她将受到严厉惩罚。把她扔进浴缸差点淹死以让她屈服，这显然是一种击垮孩子精神、让她变成机器人（Ferenczi，1933）并对她进行性奴役的恶魔般的有效手段❶。如果她要揭露这种令人发指的“洗礼”方式，隐藏着的虔诚和上帝的诅咒就会起作用，她母亲反复告诉她，如果她告诉任何人，“上帝会杀了她”。因此，有了 Timmy 的“上帝要杀了我！”的幻觉，很明显，这是一个解离的孩子的哭喊，是对洗脑和灵魂谋杀的反应（Shengold，1989）。

除了帮助理解视力模糊和幻听的创伤根源外，这还让人明白了 Mary 怎么知道如何教狗口交，因为她也像动物一样接受过同样的训练。除此之外，濒临溺水事件似乎导致了意识状态的改变，可能与濒死体验没有什么不同，这种体验被封装起来，并促成了一个解离的儿童自体的形成（Brenner，2001）。随着 Mary 的成长，她试图过一种“正常的生活”，去上学，去教堂，和朋友们一起玩耍，同时，她也并行地过着一种秘密的、像她母亲的性奴隶一样的生活，这需要她尽一切努力在精神上把这些事情分开。当她确信母亲能读她的心思，能知道她的内心想法，随时知道她在哪儿时，意识的分裂和自我的分裂达到了精神病性的严重程度。从移情中可以看出，在这些时候 Mary 确信我的办公室安装了用于窃听的录音和监控设备，信息被直接传给她母亲，她认为我和她母亲密谋，就是要让女儿有精神疾病，并且完全顺从。这种偏执的倾向有时相当棘手，因为她的可渗透的自我界限（Federn，1952）和严重被扰乱的身体自我使她倾向于出现这种周期性的退行，这是自我分裂的额外表现。在这些时候，她同时存在于两个现实中，在其中一个现实中，我只是她的分析师，试图帮助她；而在另一个现实中，我是一个与她母亲结盟的间谍，我办公室的椅子从一次会谈到下一次会谈的哪怕是最轻微的移动，都是她必须破解的秘密信息。当她试图通过不透露任何关于自己的信息来瞒骗母亲并对自己忠诚时，她也在试图寻求帮助，并理解自己心智混乱的本质。

---

❶ Ferenczi（1933）[165] 本人对分裂和创伤研究的贡献是巨大的，正如他观察到的：“在孩子的发展过程中，如果冲击事件的数量增加，那么人格中的各种分裂的数量也会增加，很快就很难与所有碎片保持联系而不产生混淆，每个碎片都表现为一个独立的人格，但甚至都不知道存在其他碎片。”

由于隐藏在精神病理的戏剧性和令人不安的性质之下，Ralph 与母亲的关系的性质仍然是病人身份障碍之谜中尚未解决的关键部分。随着时间的推移，Ralph 开始敞开心扉，并协助进行以下重建：在 Mary 的青春期和这个狂乱时期身体发育之后的某个时刻，随着她与母亲乱伦关系的继续，她必须在心理上进行更多削弱自我的分裂，才能继续拒认她女性身份的现实。为了让母亲高兴，她每周 7 天，每天 24 小时“随时待命”。不管病人在做什么，当母亲用特定的旋律叫她名字时，她都要被打断，母亲好像在说：“哦，Mary，你知道现在几点了吗？是我的时间了！”Mary 顺从地停止了她正在做的任何事，以一种出神、顺从的状态跟着母亲来到卧室。在这种状态下，母亲教她一种新形式的性满足，通常被称为拳交。它满足了母亲的性受虐，激发了病人自己的性施虐。最初她厌恶这一要求，无法执行这个任务，她焦虑万分，进一步陷入自我催眠的恍惚状态，转而由她的另外一个主要意识状态——Ralph——接手。这一让母亲感受到痛苦的机会，让他进一步认同了攻击者的身份，“fist fuck the mother”进一步巩固了 Ralph 对自己就是那个真正的“mother fucker”的感觉。“他”抓住每一个机会不辜负这样一个名声，而这种由色情点燃的残酷行为使病人避开了对自己是一个有乳房、没有阴茎的月经期女性的绝望。

拳头成了母亲真正的阳具，这不再仅仅是一种潜意识的幻想或象征性的衍生物（Lacan，1982），拳头被用作阴茎，愤怒是“他的”主要情感。“他”没有任何内疚感，病人无数次表达了施受虐的愿望，希望在移情中血腥狂欢，而我在自己的心智中容纳这些幻想，直到多年以后，Ralph 才开始意识到对我隐藏的积极情感。同时，Ralph 开始能够容忍对我的矛盾情感，而不产生解离性的分裂和转换，病人心理整合的另一个迹象是 Ralph“感觉到”和母亲拳交让 Mary 感到内疚和恐惧。此外，当 Mary“外出”时，她能够恢复对这段关于母亲的经历的记忆，并谈论这些记忆。在一幅画中，Mary 和 Ralph 的身体融合在一起，画面中包含乳房和阴茎，两个身体相互拥抱，这幅画完美地表现了两个饱受折磨的自体之间关系的缓和。

总结与结论

Mary 的心理与 Breuer 和 Freud 在精神分析学初创时所描述的“双重良心”有相似之处，为了帮助理解其复杂性，我们可以将理论阐述和元心理学进展应用于自我分裂的概念，然后回到催眠性癔症的古老概念，以便从更清晰的视角重新思考这个案例。在儿童期的某些创伤条件下，也许心智不可能调和相互矛盾的、精神（可能还有肉体）生存所必需的条件，如需要保持对一个凶残的、性侵犯的母亲的依恋。在这种情况下，自体和客体表征可能会合并到由自我催眠、催眠状态所维持的那些分离的自体中。对具有这种低水平解离特征（Brenner,1994），即符合解离性身份识别障碍（dissociative identity disorder）的诊断标准（APA,2004)的病人所进行的分析工作，揭示了组织影响的存在，这些组织影响似乎有助于人格化的形成，Fairbairn（1952a）认为人格化是心智的常规功能运作的结构性单位，即本我、自我和超我的变体。分析性探索揭示了这些自体背后的组织影响，包括倒错的性、梦中出现的自我象征化现象、催眠和入睡前状态（Silberer,1909）、濒死体验，以及 Mary 案例中所见的攻击性的整体精神分裂效应。在其他此类病例中也描述了创伤的代际传递（Brenner,2001）。这种独特而特异性的表征集合具有生存价值，尽管形成非常混乱的关系，但可能会导致在一些领域表现出较高水平的自我功能，比如创造力、语言和数学领域（Oxnam,2005）。

一个最初由 Freud（1915e）提出的且被普遍接受的原则是，不愉快或“坏”的自体和客体表征倾向于被外化，而“好”的自体和客体表征保持被内化。分析师可能会看到伪外化和指向内部的移置，解离的自体成为这些结构的额外“成分”。此外，记忆缺失、自我催眠屏障增加了不寻常的性质，比起由拒认引起分裂的那些矛盾自体，和 Kohut（1971）描述的垂直分裂，这种方式更具密封性和独特性。

由于不仅存在各种自我功能，还存在本我衍生的驱力，以及超我的禁止和渴望，这些人格化也可以被视为“病理性系统间亚组织”（pathological inter systemic suborganization）。这一概念由 Schafer（1968）提出，得到 Lichtenberg 和 Slap（1973）[784]的拥护，他们主张，以恋物癖为例，比起术语“自我的分裂”，使用“病理性系统间亚组织”来指称矛盾的心理群组，是一个更准确的名称。

Freud 对“分裂”一词有很不同的使用方式，分为四类，包括：①一般发展原则；②婴儿期心理内容的组织；③作为防御；④作为维持相互矛盾的心理群组的一种方式。Lichtenberg 和 Slap 主张限制使用“分裂”一词，以减少干扰理论阐述的言语混淆（Ferenczi,1933）。他们建议，将“分裂”一词的用法限制为描述“婴儿生活中的一种倾向，即基于愉悦的好或痛苦的坏的原始性质，就最早期表达的记忆痕迹形成的组织”（Lichtenberg et al.，1973）[784]。虽然这一努力可能会减少定义上的模糊性，但 Breuer 和 Freud 早期的“心智的分裂”的意义本来就尚未被充分理解，这样做可能会对此造成进一步的模糊和威胁，而将其丢进历史的垃圾桶。它的引人注目的继任者——“自我的分裂”，已经产生了如此深远的影响，也许讽刺的是，也正因为它自身的“成功”而遭到指责。通过与 Anna O. 病例相似的当代病例报告回顾这一概念的历史，可能有助于将这一术语重新纳入历史视角，并进一步理解我们面临的一些重大临床挑战。

分裂、处理丧失和边缘状态[1]

杰拉德·贝尔（Gérard Bayle）[2]

边缘状态涉及双方（个体和他/她的客体）的身份感在一定程度上的不稳定性。心灵内部的冲突不再局限在神经症结构的范畴内；它涉及心灵内部和主体间这两种形式之间的进攻和撤退。内部和外部之间的边界或多或少因投射和投射性认同而模糊，无论是已完成执行的还是持续存在的投射和投射性认同（Green，1990）。

边缘状态在神经症性和精神病性过程之间持续波动，其病因涉及很多因素。我将以其中一个作为本篇的起点：哀伤（mourning）工作的失败，或者更具体地说，处理丧失的失败。我已经对这个主题研究了 20 多年（Bayle，1988）。

急救屏障和丧失的影响

当客体不再在那里时，与之连接的驱力相关的冲动会像进入虚空一样坠

[1] 由 David Alcorn 翻译。

[2] Gérard Bayle 于 1979 年成为巴黎精神分析学会会员，并在 1989 年之前一直担任培训分析师。他曾担任法国精神分析协会（CPLF）的科学秘书长达八年之久，后担任该协会主席（2004—2007）。这使他影响了 IPA，使其认可法国精神分析模式。他对成人、儿童和青少年进行私人执业和机构内的精神分析，并在经典技术和精神分析心理剧方面培训学生。他对防御的临床和元心理学研究很感兴趣，向 CPLF 报告了有关自我的分裂这一主题，提出了功能分裂的概念化。这使他开始研究个人和机构的自恋变态。他于 1991 年获得 Maurice Bouvet 精神分析奖。他的出版物包括《精神分析性心理剧培训》（*Formation au psychodrame analytique*）（与 N. Amar 和 I. Salem 合著）、《分裂》（*Clivages*）、《给疯狂心智的书信》（*Épître aux insensés*）、《恐怖症的宝藏》（*Le tresor dès phobies*）和一本关于一位著名法国同事（Paul Claude Racamier）的书。

落。客体持续缺位，会导致驱力相关的冲动大规模流出的结果，这被证明可能是致命的。力比多（libido）的丧失会产生太多的痛苦和焦虑，从而导致婴儿般的无助（*Hilflosigkeit*）。

因此，保护自己就成了当务之急，以免与丧失的客体一同消失或死亡。为了减轻痛苦和焦虑的强度，并尽量减少力比多的丧失，需要各种各样的防御机制。这些防御任务数量多，成本高。简而言之，它们包括否认丧失和理想化遗留的内部客体。

在那段否认痛苦的时期，将痛苦爆发点的感受隔离。所有程度的否认都是可能出现的，包括在不诉诸任何权宜之计的情况下就能保持稳定的否认，和那种需要行为、无常的性情和倒错的力量才能使其足够牢固的否认。当内部心理空间难以承受时，必须去求助同时令其恐惧的主体间关系。当两个主体距离太近时，主体间关系会侵蚀自体意识；但当他们相距太远而无法抓住时，它们会把病人留在虚空中。

在这里，朋友和家人圈可以在社会层面帮助维持这种否认，尤其是当宗教信仰出现时。虽然这个客体已经物理性地消失了，但指向他的某种程度的贯注仍然存在，这维持了一个心理客体。这是我们可以称之为"处理丧失"（processing loss）的结果，它先于哀伤过程本身。力比多无休止地涌出会导致死亡或残疾，修通丧失可以防止这种情况的发生。

急救分裂的变迁

这样处理丧失的目的是创造自我的一个分裂出去的部分，它将使精神存活的信念得以保持，这在某种程度上充当了一个塞子，塞入感觉到丧失的地方，而那里正在大出血。作为紧急使用的方式，这种分裂必须通过大量的力比多支出来维持。那么，然后它会变成什么样子呢？

首先，如果它消失得太快，就必须再次否认；这让这个人带着两段创伤的回忆，回到他/她开始的地方。接下来这些否认丧失的努力必须得到尊重；与在某些行为疗法中经常发生的情况相反，考虑到在本我和自我分界处的防御过程的脆弱性，以及被削弱的自我无法利用次级过程功能的事实，我们应该避免强行进行诠释，否则结果可能是抑郁或忧郁的崩溃，或躁狂的爆发。

其次，可以少量地释放痛苦。此时，通过贯注于自体，可以进行重大的个人重组。当个体再次开始做梦时，这就很好地表明了这样一个事实：压抑和正常退行再次活跃起来。从这个意义上说，一旦开始处理丧失，梦标志着哀伤工作的开始，而不是哀伤过程的结束。然后，就有可能进行 Freud（1917e [1915]）在《哀伤与忧郁》（*Mourning and Melancholia*）中生动描述的漫长而痛苦的哀伤工作。通过对记忆片段的一系列追溯性的理解，自我将能够应对丧失的影响，否则它会是过于压倒性的。每次客体的一段记忆出现时，就会对其形成超贯注，这造成痛苦但可以忍受，然后逐渐去贯注，通过内射的方式让位于潜意识的认同。

第三种可能性是，不允许出现与哀伤有关的痛苦情绪。在这种情况下，不可能进行哀伤的工作；结果将是产生严重的障碍。维持这样一个分裂、否认和孤立的结构将带来直接和长期的后果；由于边缘状态典型的去主体性和去象征性效应，这些后果也将影响后代。

分裂的元心理学

两股驱力相关的心流

我已经从我称为“功能性分裂”（functional splitting）（Bayle，1988）的角度，以及确保其得以维持的结构，即它的“锁”（Racamier，1992）的角度，描述了处理丧失的暂时结果。我将采用 Freud 对压抑的元心理学描述，尤其是在他 1915 年的元心理学论文和《抑制、症状和焦虑》（*Inhibitions, Symptoms and Anxiety*）（Freud，1926d [1925]）中的理论。Michel Neyraut（1995）根据我们在《新精神分析新论》（*New Introductory Lectures on Psycho-Analysis*）（Freud，1933a [1932]）中找到的 Freud 的心理装置图进行了描述，他建议我们应该区分驱力相关的冲动流出后的两股心流

（currents）。两者中较慢的是压抑。在这里，驱力相关的冲动将事物呈现引向语词呈现，这使启动精神分析“谈话疗法”成为可能。快速流动的心流使较慢的心流短路。它将驱力相关的冲动排空到外部世界；当它这样做的时候，就为制造幻觉、躯体障碍和各种见诸行动（包括倒错）提供了原料。这些都是磨坊的谷物，用于磨出这些驱力相关的表现，属于典型的边缘状态。象征化在这股心流中完全不起作用。

自恋反贯注

当体验到一种残酷的丧失感时，仍留存的心理客体必须与自我的其余部分隔离开。这种新结构必须不受任何次级过程逻辑的影响，因为次级过程逻辑会使丧失的想法卷土重来，从而使否认带来的防御策略无效。

通过一道由反贯注构成的屏障建立起隔离区域，这道屏障阻隔了任何与丧失的现实相关的元素的渗透，就像在自我和本我之间分界处的屏障阻止了任何被禁止的愿望的渗透。它们的功能是对抗任何因被内部客体抛弃而产生的焦虑，而那是自我分裂的一部分。我称这些高度特殊的反贯注为自恋反贯注（narcissistic countercathexes），其任务是在自我中创造一个缓冲区，从而隔离一个虽然已经“疯狂”，但起着拯救生命的作用的部分（Bayle，1996）。它们的能量来自自我，它们将分裂的部分与其他部分隔离开来。

这一部分因此被否认，保持活着（alive），并由于自我的贯注能量而被隔离。考虑到当时的紧急情况，这个处理情形是安全的，但有后续的心理经济影响。

前性器期退行强化

自我没有无限的能量储备。由压抑的反贯注所建立的屏障将逐渐减弱，或至少不可能加强。被压抑的愿望所带来的压力将不那么容易控制；它们将更容易地溜出，并在自我中带来一种不断增强的兴奋状态。痛苦让位于焦虑。众所周知，只有在这里或那里，伴随兴奋的退行出现时，才会体会到丧失，这标志着被压抑的婴幼儿元素的回归。这可能解释了癔症、恐惧症、强迫症、幻觉或倒错障碍的强化，或客体丧失后立即出现的升华。结果本应是一种延迟行为（deferred-action）（*après-coup*❶）压抑，但实际上发生的是接受潜意识的衍生物，其目的是维持神经症症状（Freud，1915d，1915e）。

除此之外，驱力相关的退行有时会被引导到社会、宗教仪式（可以想到葬礼后哀伤者共享食物）和肛欲期仪式*中这些重新激活了前性器期的固着。随着自恋反贯注的力量增强，它们染上了自恋力比多的色彩。力比多的需求可以通过在共同兴奋和抑郁沮丧（贪食症、厌食症）这两个阶段之间振荡的退行性自体性欲行为来被满足。

性格基础的强化

自我的削弱降低了压抑过程的有效性。渐渐地，本我的力比多能量更直接、更迅速地进入自我。这种猛增的强度可能会导致躁狂发作或偏执反应；它也会影响日间残留物（在梦境中的呈现）或（在日间谈话或思考中的）语词呈现，并导致幻觉表现。然而，如果自我仍能将这种能量导向自恋反贯注群，那么这些能量就会得到加强。正如我前面提到的，这些都具有口欲期和肛欲期退行的前性器期特征。随着直接来自本我的原始力比多能量持续加入，分裂形成的屏障获得了巨大的、强化的力量，因此它变得更加紧凑、巨大、沉重和不可移动。

在每一种情况下，结果都是自我的功能性切断（Freud，1940e [1938]）；自我中积极地维持分裂的部分被过度贯注，从而使某些性格特征或行为模式脱颖而出。考虑到客体消失前指向客体的敌意，再加上伴随否认而释放的驱力中的死本能，那里很可能会有一种永无止境的痛苦和折磨，在我看来最古老的表征之一就是地狱。在一个被憎恨的客体长时间、痛苦、缓慢地死亡后，或者如果该客体被置于可怕的恐怖中，在这些情况后开始的哀

❶ *Nachträglichkeit*（延迟行为）的常用英文译法“*deferred action*”通常被认为是不令人满意的。法语术语“*après-coup*”（后遗性）似乎更接近 Freud 的意思。

* 如反复清洁、整理，或对金钱过度节省。——译者注。

伤过程尤其体现了如同处于地狱中的感觉。在分裂的另一面，意识和前意识的自我继续管理日常生活；这是与保持自恋反贯注有关的残余疲劳的所在地。隔离和包含新结构的性格模式尤其严苛：已经消失的客体不再被提及。

在极端情况下，攻击的对象最终集中在思维过程，它们越来越被削弱，以至于性格神经症和工具主义思维为身体疾病开辟了道路。

与功能分裂相关的认同

随着代际的变迁，自我防御过程发生了重大的量变。在上一代那里，压抑是为功能性分裂服务的，这使否认得以维持。这种分裂可以通过在其内部以多种不同方式进行的变化来传递。当这些混合在一起时，可能会产生一种特别有毒的心智结构，这就是分裂的结构形式，正如 Freud 在他对精神病和倒错的研究中所描述的那样。

分裂如何传递的临床表现

俄狄浦斯的传递

随着俄狄浦斯情结变得不那么强烈，乱伦和谋杀的愿望被放弃了。这种放弃导致了通过内射方式的认同。然而，保存俄狄浦斯愿望的尝试往往采取癔症性认同的方式，与父母一方或另一方的性格特征相一致。

我在这里想到的是一位女性，她因躁狂抑郁性精神病而服用了 20 年的碳酸锂。她的母亲同样患有这种疾病，大约 40 年前因产后抑郁症她也服用了同样的处方药物。基因传递假设促成了这一事实，即精神科医生给她开了与她母亲相同的药物。她确实有情绪波动，但在与她进行了几次讨论后，我的印象是，在当时的情况下，如果没有这些情绪波动，她很可能会出现神经症和幻想表现（这是隐藏在她情绪波动背后的心理双性恋的典型表现）。在她的精神科医生的同意下，她暂时停药——事实上，她再也不需服用，她的情绪波动也消失了。

通过一种令人不快的症状，俄狄浦斯情结诡计多端地让她在幻想中同时拥有了对母亲的同性恋占有，和对父亲的异性恋占有，她把自己装扮成具有她母亲最突出的性格特征的样子，然后把自己献给父亲。然而，在这种情况下，通过对父母一方的自恋特征的合并认同，所有存在的东西都是一种虚假的分裂形式，这里并没有真正的分裂。

通过提前排除传递

许多人研究了父母中的一方未能处理哀伤对孩子的影响。这些研究大多以乱伦或自恋倒错过程最为常见的临床情境为出发点。

对于 Lacan（1954）来讲，这与提前排除（foreclosure）有关。在这种情况下，缺失的象征化能力向下一代传递，在语言所承载的象征结构中造成了一种不可修复的撕裂。他著名的说法是"潜意识像语言一样被构造"，这让他假设象征结构中缺少某种东西，这逐渐导致一种有缺陷的精神病性功能模式，该模式需要通过幻觉活动去弥补。父母没能传递一个基本的能指——父之名（the name-of-the-father）。

然而，这些有争议的理论假设面临其他法国思想家假设的挑战，这些假设也是基于他们的临床经验，一方面是 Jean-Luc Donnet 和 André Green（1969），另一方面是 Paul-Claude Racamier（1992）。在许多地方，他们的观点与 Harold Searles（1965）的观点相近。

在自己内部有功能性分裂的那些人，在最接近自己的圈子里制造了一种本身就能产生分裂的局面。当我思考 Melanie Klein 的理论时，我有了这个想法：把你的邻居当成你自己来分裂——但为了做到这一点，乱伦的心理共谋是必要的。

例如，如果这种共谋是通过诱惑或对孩子的俄狄浦斯欲望获得的，那么就有可能利用他人的能量填补任何缺口，并容纳这个人自己的驱力相关的冲动。这是自恋倒错的临床领域，它会导致结构分裂。

自体分裂："Flora"

Flora 的父母在纳粹集中营失去了全部家人。他们从不谈论这件事，并且通过非常活跃地投身到社会、科学和政治方面，以防御自己有关它的思考。她的母亲出现过短暂的暴跳如雷，她的父亲采取了某些不灵活的行为模式。 Flora 知道她的祖父母是怎么死的。

她时而暴食，时而厌食，其对象可能是食物或性。她因此给父母制造的（对她的）担忧，似乎给了他们另一个塞子，用来抑制他们自己未经处理的哀伤。她把自己借给他们以支持他们的功能分裂。他们花了大量时间思考她的问题。

正如他们所说，她和她的妹妹"成长良好"。Flora 是一名优秀的学生，她一直是班上的尖子生，尽管她不知道除了功课之外该做些什么；从表面上看，她非常成功。婚姻给她带来了物质财富和职业成功。然而，比 Flora 小四岁的妹妹在长期的对立后自杀，这在家庭中引起了一些丑闻。自从她妹妹自杀后，父母都视死去的女儿为挚爱。Flora 照顾他们，然后她的一切都开始出问题：神经性厌食症、贪食症、色情狂。在她生了第一个孩子后，她变得抑郁。她在离开精神病院后来看我；她又怀孕了，担心自己会复发。

起初，我们面对面地讨论，然后她做每周三次使用躺椅的分析。她的分析会谈很难用来讨论她自己。她会把大部分时间花在谈论围绕她妹妹死亡的创伤上，然后继续从这个地方谈。她的叙事方式就像打开口袋，让里面的东西倾泻而出，而她认为这些内容没有任何情感潜力。起初，她担心她的情感，但她逐渐接受了。在她的分析之后，她做了很多创伤性的梦。当她的第二个孩子出生时，事实上，她并没有复发抑郁，但我们都对我外出休假两周期间发生的两个悲剧事件感到极度痛苦。一天，当抱着刚出生的婴儿在乡下的池塘边散步时，她晕倒了。婴儿脸朝下掉进水中，Flora 恢复知觉时，婴儿的脸色发青，已经失去了知觉。一位邻居让孩子苏醒过来，并带他去医院，他完全康复了。一周后，当她独自和孩子们在一起时，Flora 把自己锁在房间里，把厨房里的所有出口都堵住，打开烤炉的煤气，暂时地把头放进去。然后她控制住自己，并让空气进入房间。就像挖掘记忆之后一样，这两个极其危险的事件之后，她做了创伤性的梦。

我对她说，所有这些暴力事件，让我感到非常受折磨和痛苦，就像她的父母打她时，她自己一定会觉得他们像纳粹一样，在那一段时间里不再是她的父母，他们把自己从和她共享的家庭身份感中清除出来。我补充说，我离开去休假，在她身上重现了她以前经历过的精神死亡的感觉，并在她身上唤醒了一种仇恨感，她试图把它反转而指向自己，以结束痛苦。

更多创伤性的梦随之而来。在每一个梦中，总有一个意象让人想起集中营。在这个时期的梦中，Flora 又回到了她妹妹的死亡这个话题，但这一次涌出爱与恨。这使她能够接触到更亲密的感情和悲伤。

我的假设是，Flora 出生在一个抑郁情绪根本无法表达的世界。并不是她缺少什么智力知识，但她没有悲伤的感觉。有能力感受妹妹死亡带来的感情，表明她可能进入抑郁位相（depressive position），意味着俄狄浦斯的内疚感，这种内疚感曾经是潜在的，而现在正在显露出来。她内心正进行着一种类似的分裂，但有双重的形态。癔症性的认同无法解释一切；她还坚持认同于父母的消极价值观，坚持认同于父母的防御过程，尤其是母亲的防御过程。

目前还不很清楚她妹妹为什么自杀。我想象，和 Flora 一样，那位年轻女子也有自恋的缺陷，通过她父母一直维持对已经发生的死亡的共同否认，这种缺陷受到了保护和封装。随着女儿进入青春期，父母可能无法再维持这种共同否认的功能；换句话说，他们不再扮演女儿自恋缺陷的临时替代品。决定性的因素可能是父亲开始远离这一切，理由是俄狄浦斯式的需要有所退让——父亲不应该与女儿有任何身体上的亲密关系。这种疏远，在自我发展良好的情况下是可取的，但对于有缺陷的人来说却是灾难性的。没有任何东西能以任何稳定的方式把它封装起来。药物、犯罪、淫乱、自恋的热情，都没有任何用；必须通过向贫瘠的火神注满已经充分发展了的资源才能滋养它，直到有一天，她的自杀阻止了这种不可逆转的衰落。

Flora 的俄狄浦斯发展没有那么危险，因为她可以相对容易地让她的老师成为假肢性客体；此外，她的婚姻非常传统，在内容和形式上都取得了成功，形成一道壁垒，以抵御她自恋的贪婪空洞所带来的堕落影响。为了成为一个完整的母亲、一个女人、一个完整的人，Flora 必须面对那个巨大的空洞，她通过厌食症、贪食症、对文化和性的贪婪胃口，实现并封装这个空洞。当她的孩子们出生，他们的本质是被当作临时替代品，因此她不得不失去他们，并且失去自己，以便再次找到他们，再次找到自己，同时建立起一个有着丰富情感的、活现和幻想的场景，这些情感恰恰是她的家人为保护自己一直抵御的。Flora 和我都在移情情境中经历这些情感。

这样一来，Flora 发现，当她和妹妹都是婴儿时，她们的关系就有了象征意义。对另一方来说，每一方都是无可争议的自恋补充——事实上，这一点从来没有异议。因此，对另一方来说，两者都不是一个单独的、完整的客体。通过失去自己和失去孩子，通过再次找到自己和孩子，Flora 给了自己和孩子主体地位。从追溯的意义上说，她可以对妹妹做同样的事情。在过去，她妹妹的死意味着她自己的一部分已经被切除，这是一种包括父母在内的自恋退行。Flora 把妹妹当作一个主体，就可以开始哀伤妹妹的死亡。然后，她开始了一个类似的哀伤过程，纪念那些随着时间的流逝她所失去的关系，在那之前她一直无法有真正的关系。将关系中的人们视为有自己权力的主体，然后哀伤丧失了他们，这一过程开始贯穿于她过去和现在的整个精神生活。尽管如此，她还是时不时有计划地进行一些超越快乐原则的随意恋情。

分裂的沧桑变迁

那些内心有这种分裂的人，很少能从他们所经历的与丧失有关的自恋创伤中恢复过来：他们把行为当作临时替代物。此外，由于他们总是试图填补缺口，他们严重依赖压抑的屏障，因此他们往往倾向于陷入驱力相关的退行性兴奋状态，包括肛欲和口欲。他们必须借助自己的防御行为模式和强迫机制，竭尽所能地应对这些问题；生本能与死本能之间会有某种程度的解绑，这对后者有利。这些人有时会聚在一起，以便更有效地抵御威胁他们的危险——打开自恋创伤和退行的性创伤的危险。因此，否认是他们所有人共同和共享的方式。

那么，这样一类人——他们发现不可能完成哀伤工作、隔离一个活死人（living-dead）客体、从语言和行为中驱逐任何可能唤起对分裂部分记忆的东西，他们的孩子会怎么样？什么被传给了这些孩子？父母有什么要避免传递的？临床实践表明，除了有意识、前意识和潜意识的传递之外，沉默也被强加给孩子。孩子们被禁止问某些问题；他们必须采用与父母相似的反贯注。这里重要的一点是，与父母的情况相反，这些反贯注不会与任何内容发生冲突。当然，这里有些秘密地窖，但它们是空的，至少一开始是空的。

之后，他们会把它们填满；被传递的是隔离，是自恋反贯注的屏障。

这些屏障是在没有任何标识的情况下被传递的，没有说明为什么它们要挡在这里。那似乎是毫无意义的，完全不重要，因此成为自我象征组织的缺陷。没有被传递的东西并不是被压抑排除出去的潜意识的东西，也不是必须保密的东西。从绝对意义上说，它就是纯粹和简单地缺失了的东西。这将被证明是一种自恋的缺陷。当这个人最亲近的家人和朋友圈，通过对任何可能被问到的问题做出错误的回答来填补这个缺口时，它不会被看成自恋的缺陷。典型的命中注定的命运图景，现成的、预先安排好的思想的心理等价物，知识和学习的超级贯注体（Prudent，1988），所有这些以虚假的方式填补自恋空虚的缺口，为传统的生活态度铺平道路，创造出只注重外表的人，而没有前意识的象征深度。其中一个例子是 Fritz Zorn（1982）的《火星》（*Mars*）或 Marguerite Duras（1964）[24]的《迷人的洛尔·斯坦》（*The Mashing of Lol Stein*），我们在书中读到：

Lol 的家是整洁的典范。无论空间还是时间上，这种强迫的秩序或多或少都是她想要的那种，不完全是，但几乎是。不可能比这更接近完美。Lol 周围的每个人都同意……卧室和客厅的装饰和陈设是样板房的忠实复制品。Lol 在模仿别人，是谁呢？其他人，所有其他人，尽可能多的人。

因此，我们可以说，在每个人的精神生活中，都有一个部分，尽管它不是有动力的潜意识，却逃避了自我的任何控制。这是自恋缺陷的领域，为了完成某种功能，它依赖所黏附的被自恋贯注的客体。该客体具有特定的状态；它平静地呈现，并充分发挥其临时替代物的作用，是一个自恋的部分客体。然而，当它缺席时，它就呈现出绝对客体的特征——没有绝对客体，任何东西都无法结合在一起。当这个客体缺席时，它就变成了神。它的丧失是无法哀伤的。为了能开始哀伤，它必须首先成为一个人，在它作为神消失的那个点。

对于无法哀伤的丧失，情况总是如此；它们对应于原始的心智状态。我在这里特别想到的是那些早年失去客体的儿童，这个客体的功能正是保护他们的原始自恋缺陷。如果有一天要哀伤这个丧失，那么将必须有一个替代客体取代已经丧失的那个，然后这个替代客体也将不得不丧失，并在这个变化了的状况下被重新发现，也就是说，它将从一个神一样的客体变成一个人，于是可以想象的是哀伤这个人的丧失。当病人失去精神分析师时，也会出现与儿童类似的情况。在自恋的创伤和缺陷被暴露的时候，分析师恰好是分析过程的支柱，这时如果分析发生突然中断，失去了这个所需要的独立客体，那么三位一体的体验将具有那种无法哀伤的丧失的全部特征。

一个年轻人扮演他父亲自恋贯注的客体；然后他的父亲自杀了。这个年轻人开始了心理治疗，并发展成了一段分析。经过三年的分析工作，这位分析师去世了。不久之后，那个年轻人和我预约。我们把他生活中零散的片段都带来放在一起。尽管他知道我不同意，有一天他还是不再来了。两个月过去了。然后我写信给他，说我已经决定将不再给他保留他的分析时段。又过了三个月，他又出现了；到那时，一切都变了。在这个时候他能够告诉我，他害怕我可能需要他，就像他担心他可能极其需要我一样，这是一种至关重要的需要。

然后，他可以在分析关系中更舒适地安顿下来，每周进行四次分析。他开始讲述他以前从未提及的一切——关于他的童年和迄今为止尚未分析过的婴儿神经症的结构。作为他父亲的部分客体的临时替代物，在和我的关系中，他无法以任何其他方式来思考他自己，直到我在给他的信中通知他情况，通过这种方式，他才能够处理丧失，这个丧失是我们一致同意并且整合进来的。

这个临床例子显示了父母的自恋缺陷的功能性设置，如何导致孩子的结构性自恋缺陷。每个人都有一部分的自己被焊接在另一个人的一个洞上，就像两个伤口粘在一起，将彼此的伤口都密封。在分析中，这类病人会留意分析师的缺陷，以便将自己的缺陷与之进行协调。

失败的哀伤过程的治疗方法

我已经描述了不成功的哀伤过程可能产生的一些结果，以及它们的影响如何延续三代人。因此，重要的是要防止这种情况的发生，对那些在哀伤过程中没有取得任何进展的人进行治疗，并试图改变失败的哀伤过程可能对他们的后代造成破坏性后果。

防止功能分裂

正如我所指出的，当丧失发生时，这些模式不可避免地出现，它们对于个体的精神生存是必要的。太长时间保持这些模式就会产生慢性痛苦。因此，我们必须尊重它们，注意不要只是理所当然地进行干预。如果这个人过去的经历使他/她倾向于这样做，那么哀伤的工作终将完成。这一切都取决于此人过去的心理功能如何运作，取决于他/她的压抑能力（Le Guen et al., 1986），取决于他/她是否到达抑郁位相（Klein, 1935, 1940）或 Racamier（1992）所说的原始哀伤。因此，任何治疗方法的结果都将更多地取决于病人过去的病史，而不是当前哀伤的情况。如果创伤的影响如此强烈，以至于很早就发生了彻底的重复（例如，病人所说的内容与情景完全无关，或其强迫性的活动会起到转移注意力的作用），那么在紧急情况下，密切关注细节的叙事描述和自相矛盾的反移情反应可能会有所帮助。

这里的目的是在功能分裂中促进一定程度的孔隙疏松。从临床上讲，这将以分析师和病人的显著情绪反应的形式出现。在自恋缺陷的情况下，可能需要大量的临时替代物。它们是，也将永远是被盲目迷恋的防御行为模式；当这变得过于压倒性时，结果可能是出现疯狂的表现。

沉迷于防御行为模式可能会导致病人陷入倒错，他们需要其他人密封他们的自恋缺陷。他们建立了一种自恋倒错，那些成为他们临时替代物的人——Racamier（1992)称他们为“命中注定”的傀儡或搬运工——需要这些倒错者才能存在，这样他们的生活才会有一些有意义的方面。如果他们没有这些倒错者，他们要么死，要么以吸血鬼的方式再造他们自己。

这也是分析师反移情的一个基本方面：分析师感到他/她自己处于一种倒错要求的掌控之中，这种要求常常以分析设置为靶子。这是这些病人建立起的关系的一个极为重要的标志。它们是倒错者的假肢，同时它们需要那些倒错者作为拐杖。如果这种关系的寄生性质被暴露出来，他们要么中断分析，要么崩溃。

原因是，在这种模式中，只有事物和行为支撑着话语；但没有话语可以表征事物。当没有更多的事物，于是没有更多的话语时，一个鸿沟出现了，随之而来的是绝望地要求更多的假肢。这就是 Duras（1964）[38]小说中的情景。Lol Stein“没有记忆，甚至连想象的记忆都没有，她对这种未知没有丝毫的概念……由于话语的缺失，毁了其他所有的，它污染了它们……”。

悲伤不仅会出现在行为模式曾经充当屏障的地方，也会出现在解绑产生仇恨的驱力的地方，解绑的驱力创造了一种自我维持的灾难性状态。这里有必要解释一下。从基于性格防御来保护个人到由自恋倒错来保护个人，它们距离并不远。如果不能通过功能屏障或基于性格防御来拒绝所有涉及抑郁情感的东西，那么可以通过将处理抑郁情感的整个任务转嫁给其他人来实现。

治疗功能分裂

当功能分裂持续一段时间后，它倾向于维持低品质的精神生活，与此相比，在必须处理哀伤之前存在较好的品质。精神生活质量的下降并不总是明显的，因为，正如我们所看到的，为了保持功能分裂，沉迷于某些活动是必需的。在社会层面上，这些往往被高度认可。然而，个人的幻想能力和做梦的能力、爱的能力、幽默能力和保持健康的能力都是糟糕的。这类病人在生活的这个或那个方面出了问题时，就会寻求咨询。无论推荐的治疗方法是精神分析还是心理治疗，是心理剧还是放松疗法，总有一天，分析过程会遇到障碍物，要么是在它的持续性方面，要么甚至可能出现在病人正确地启动真正的分析过程之前。在这一点上，心理治疗的方法也应该以鼓励进行详细和结构良好的叙事为目标;这两者之间需要一定的时间间隔，这取决于病人的自我处理创伤性重复主题的能力。

结构分裂的治疗方法

正如我所指出的，在这些情况下，存在一种天生的自恋缺陷。甚至在出生前，那些将开始遭受这种缺陷之苦的人就已经被他们的父辈们设定好了程序，父辈在生活中的一定区域内无法自发进行哀伤的过程，因此他们无法进入那些对父辈来讲在功能上分裂出去的区域。通过认同，这些病人已经继承了他们父辈建立的防御过程，但没有把这些防御所要防范的内容考虑在内。就像在一个没有任何理由再被值守的地方，继续安排卫兵。在 Dino Buzzati（1940）的《鞑靼草原》（*The Tartar Steppe*）中可以找到一个例子。

只要他们的自恋缺陷可以被他们的环境填补，一切似乎都是好的。但当事情发生变化时，特别是在青春期或成为母亲之后，这种缺陷的空虚可能会被一些非常奇怪的内容填满。

从结构分裂到过渡性: 前滩

一个人怎样才能摆脱可怕的自恋缺陷经济学？这种自恋缺陷经济学用一切可能的手段避免成为疯狂的空虚所在，我们怎么和一个已经被切剩一半的人联系?尽管如此，经验告诉我们，这样做是有可能的，而且只要我们能够放弃对病人和自己的自恋幻想，就有可能获得积极的结果。我提出，作为这种情况的元心理学表征，将两个意象既对立又联系起来:一个是分裂的，像悬崖一样陡峭，把大海和陆地分开，是一个没有空间的危险的地方;另一个是一种有过渡的感觉，温柔而宽阔，像一片海滩的地方。Winnicott (1971)[95]在引用 Tagore 的诗“孩子们在无垠世界的海滨玩耍”时，脑海中就有这样的画面。我认为，我们必须接受在一段时间内生活在不稳定的平衡状态中——静止不动——就像在悬崖的边缘。我们必须接受这个地方被倒错者或临时替代物占据（但这个地方并非扮演这样的角色)，并且根据环境情况，成为恋物癖的客体或真正的恋物癖者。我们可以这样生活一段时间，随着潮起潮落，因为世界并不像人们愿意相信的那样一成不变。慢慢地——有时是很快地——我们就能更舒服地在平缓倾斜的海滩上安顿下来，在那里与病人玩耍，这要感谢在这片（用海员们的话说）叫作前滩的地方栖息着非常特殊的动植物群。

前滩既不是海，也不是陆地;它是指在退潮时露出水面，在涨潮时充满水的那部分海岸。那里有生命，既不是海洋生物，也不是陆地生物。我们和病人一起生活的世界既不是他们的错觉，也不是现实。它是过渡性的，作为第一步，它使我们每个人，在可怕的悬崖眩晕后喘口气，然后，在上面玩。在更晚的阶段，当情况好转并得益于象征化的进展时，它将帮助病人独自进入其他领域，请时刻敏锐地意识到期待奇迹是徒劳的，某种程度的焦虑和失败将永远存在。从这个意义上讲，可以从过渡性的一个特例的角度考虑结构分裂，反之亦然。前滩的意象引导我们得出这个结论，某些精神分析治疗的结果也是如此。

结论

以哀伤的病理学开始，我意识到我在这一篇论文中所发展出的假设使我非常接近于将整个精神病理学归因于丧失和哀伤本身，或其后续结果。不过，我还是把由哀伤俄狄浦斯欲望过程中的失败而产生的神经症病理放在一边；比起归因于他人的同一哀伤过程的病理结果所引起的后续发展，我更倾向聚焦于由一个人自己的哀伤过程的病理结果所导致的自己的后续发展。从基于性格防御和功能分裂的压抑状态，到由结构分裂造成的否认和自恋缺陷占主导地位的状态，这种移动开辟了精神分析的新领域，目前正为未来的收获做好准备。新的治疗方法将由此产生；在它们的先驱者时代，这些一定会引发行业内许多灵感火花突然闪现。

分离和分裂[1]

佩妮洛普·加维（Penelope Garvey）[2]

A 夫人经过多年的分析后成功地恢复了自己被分裂出去的那些部分，变得更像一个人，能够维护自己的利益而不会因为被人看到自己的感情和欲望而感到羞辱。在分析的最后阶段，她越来越担心自己将如何在失去分析的情况下存活下来，并害怕回到一种什么也感觉不到的状态。她做了下面这个梦：

那辆车停在她父母房子外面的院子里。汽车着火了，她担心火势会蔓延到房子里，于是召集空军对其进行轰炸。

A 夫人炸毁了汽车——我认为这代表她有关心和容纳能力的自我——以免我和她自己发现她心里另外一个版本的我，这个我可能会接管并破坏她对我和她分析的良好感觉。轰炸摧毁了她的自我并使其成为碎片，驱逐了她的感情，使她什么也感觉不到。关于这种碎片化的分裂，它的发展起源，以及它在压力环境中重新出现的倾向，已经有很多文章了。轰炸，正如我们将看到的，不仅仅发生在她的梦中。潜意识幻想确实影响了现实，而 A 夫人回到了我从过去的分析中所了解的她的状态。 Melanie Klein（1946）[19] 描述了类似的情况：

---

[1] 感谢 Jane Milton 和 Edna O' Shaughnessy 对本文早期草稿的评论。

[2] Penelope Garvey 是英国精神分析学会的培训和督导分析师。她在德文郡私人执业，还在普利茅斯 NHS（英国国家医疗服务体系）担任顾问心理治疗师。她在伦敦、德文郡和欧洲的其他精神分析研究院任教。

他把他的毁灭性冲动从他的客体转向他的自我，结果他自我的一些部分暂时地消失了。在潜意识幻想中，这相当于他部分人格的灭绝。将毁灭性冲动指向他自己人格的一部分这一特殊机制，以及随后情绪的消散，使他的焦虑处于潜伏状态。

分裂的概念是 Klein 发展理论中的关键，也是她的两个位相的概念化的核心舞台，这两个位相是：抑郁位相（1935）和偏执-分裂位相（1946）。我将联系到 Freud 关于分裂的思想，但本篇论文的重点是 Klein 及其追随者的思想[1]。

克莱因学派分裂理论综述

从一开始， Klein 就将注意力放到客体的保护性分裂（1921）、超我分裂（1929）和本我分裂[2]（1932）上，她反复探索了比压抑更早、更暴力的防御方式的证据。正是在她 1946 年的论文《关于一些分裂机制的笔记》中，她写到了自我的分裂，尤其重要的观察是，如果客体分裂，自我也相应地分裂。 Klein 认为她关于分裂的想法非常重要，在 Melanie Klein 档案中，她称这篇 1946 年的论文为“我的分裂论文”。在此之前，她的早期作品中，分裂、投射、驱逐、转向、探索和施虐这些词很难分清。而且，要区分正常过程和异常过程，或者区分对发展有益的活动和反发展活动，并不容易。一旦 Klein 将她分裂相关思想的不同细流与偏执-分裂位相理论联系在一起，这些区别就会变得更加清晰，但它们仍然存在问题，并且这个术语被松散地用于涵盖不同目的的不同活动。

---

[1] Grotstein（1981）出色地回顾了概念的发展。

[2] 后来成为自我分裂。

正常的二分分裂与碎片化

Klein 认为未成熟的婴儿以身体的部分——乳房、阴茎等（部分客体）——体验自身和他人。1946 年，她描述了二元或初级分裂——将自体和客体的好的和爱的部分与坏的和恨的部分分开——是自我的第一个行为，并且对于心理健康是绝对必要的。早期未整合的自我，受到出生创伤和内在毁灭焦虑的威胁，将这些焦虑和死本能向外投射并转向母亲。此时在潜意识幻想中，内部迫害者被全能地置于母亲身上，因此母亲被体验为危险的。剩下的死本能受到力比多的约束：有些变成了攻击性，并指向（转向）“坏乳房”母亲；有些仍留在内部，并可能威胁到自我。“坏”母亲被内射，被内在地体验为一种已损坏的和分裂的报复性存在，即一种相应地分裂自我的存在。接下来“坏”的内部客体被投射出来，然后一个再内射和再投射的循环随之发生。

与这种“坏”关系同时发生的是，在潜意识幻想中生本能或力比多被投射出来并依附于“好”客体。这第一个“好”客体被内射，并受到保护，尽可能远离“坏”自体和“坏”客体；事实上，它们的存在被否认。“好”客体被理想化并被想象成万能的，这样就提供了一种安全感。自我认同“好”客体，当有了足够多生本能和足够多好的体验，投射和内射的良性循环开始进行，自我力量增强，能够容忍和整合“坏”自体和“坏”客体。Klein 在她后来的论文《妒忌与感恩》（Envy and Gratitude）中清楚地阐述了这一点。

回到分裂过程，我认为这是小婴儿相对稳定的先决条件；在最初的几个月里，他主要将好客体与坏客体分开，用这种根本的方式保护好客体，这也意味着自我的安全性得到了增强。同时，只有当有足够爱的能力和相对强大的自我时，这种原始的分开才会成功。因此我的假设是，爱的能力既推动了整合倾向，也推动了被爱和被恨客体之间成功的原始分裂。这听起来很矛盾。但是，正如我所说，由于整合是基于一个稳固扎根的好客体，它形成了

自我的核心，一定数量的分裂对于整合是必不可少的；因为它保护了好客体，然后使自我能够综合它的两个方面。(Klein，1957)[191-192]

投射性认同

1946 年的论文还包含 Klein 首次提到的投射性认同过程。投射性认同的概念描述了关于自体分裂部分所在的位置及其与外部和内部客体的关系的潜意识幻想。它阐明了移情，也提供了关于技术的信息。Bion（1959，1962）扩展了投射性认同的概念，他区分了正常的（用于交流）投射性认同和异常的（用于排空）投射性认同。在正常的投射性认同中，通过分裂并投射到母亲或分析师身上，情感被容纳，母亲或分析师状况良好，会受到情感影响，但不会受到太大干扰，并将她的理解通过交流返回。这种交流可以理解为一种探索，在这种探索中，分析师的反移情是必不可少的工具，引用 Bion（1959）[106] 在《对连接的攻击》（Attacks on Linking）中的话，"投射性认同使他（病人）能够在一个足以容纳自己情感的人格中调查自己的情感"。交流性投射性认同是思维的基础，而排空性投射性认同则会使个体耗尽。

抑郁位相的整合与分裂

在正常的发展过程中，通过不断的投射和内射过程，发生了交换，而自我因此得以增强。对个体来讲以下成为可能：将幻想与现实分离开来，将自体与客体分离开来，并在这个过程中，收回被投射出去的自体分裂的部分。个体变得更加现实地感知和体验他人，内部客体变得不那么极端。

对于婴儿来说，认识到被爱的母亲也是被恨的母亲会引起巨大的痛苦和内疚感：在认识到分离，在失去与万能母亲关系中的理想自我时感到痛苦；在认识到母亲有其他关系时感到嫉妒；对脆弱并已经被伤害的母亲的内疚和担忧。所有这些和其他“抑郁”情绪都很难忍受；破坏可能会被感觉是严重的，难以修复或无法修复。这一时期的痛苦和重新分裂都被描述得很详尽；内疚感可能是迫害性的，并可能导致退缩到分裂状态，在那里好的或坏的体验被抹去，并被全然否认。破坏可以被神奇地修复。

Klein 在 1946 年论文中关于位相的最初想法是“混合和相互作用的”，在发展过程中存在整合和分裂之间的波动，但后来（1957）她认为永久的整合是不可能的。无法画出一条“硬”的分界线，人们普遍认为偏执-分裂位相和抑郁位相之间存在着往复波动，Bion（1970）和 Britton（2001）强调了这一点，即失整合的活跃状态对发展的重要性。

病理性分裂、碎片化与病理组织

Klein 认为偏执-分裂位相是精神病的固着点。如果分裂过于“极端”，自体的各个部分彼此僵化地分离，个体可能会感觉受到迫害或空虚，可能无法思考或感觉，可能会在不同的态度之间波动，整合可能是困难的或不可能的。挫折、贪婪和妒忌都会导致分裂成碎片的现象增加，Klein（1957）在她后来的作品中，继 Rosenfeld（1952）之后，强调了妒忌的破坏性。避免妒忌和表达妒忌都涉及对被妒忌对象的攻击，目的是破坏其好品质和抹除差异。这是通过各种方式实现的，其中之一就是将自体坏的部分分裂出来并排泄到被妒忌的对象上。结果是自体与客体、好与坏之间的混淆，原始分裂受损，以及感觉那个被破坏或摧毁的好客体已经成为碎片。同一时期 Bion（1957）描述了妒忌的个体所实施的毁坏性攻击，不仅是对客体的攻击，也是对他自己的自我功能的攻击。

Rosenfeld（1950）论述过那些无法区分好与坏的病人，其内在混乱的可怕性质。在 1952 年，他将那些因无法忍受容纳死亡或被摧毁的内在客体而产生恐惧和内疚感的病人，描述为所谓的“分裂自我的超我”（ego-splitting superego）。Klein 和其他人描述了类似的破坏性超我活动：Klein（1957）描述了“妒忌的超我”（envious superego），她认为它“基于最早的被内化的迫害性客体，即报复性的吞食和有毒的乳房”；Bion（1959）

描述了“破坏自我的超我”（ego-destructive superego），它拒绝接受投射并攻击连接； O’Shaughnessy（1999）描述了“反常的超我”（abnormal superego），并指出了所有这些与 Freud 关于（与生本能）去融合的（defused）死本能的观点之间的联系。

若干作者关注一些使用分裂（schizoid）防御的病人的稳定性，在这些病人那里，分裂和投射过程是有组织的，是对碎片化过程进行防护和反应。这些病人可能很难治疗：依赖性自体被分裂开，由强大的内部客体控制，远离分析师的接触（Joseph，1989；Meltzer，1968；O’Shaughnessy，1981；Rosenfeld，1971；Segal，1972）。 Steiner（1993）为这种防御系统引入了“病理组织”一词，它尤其会在向整合过渡的时期出现。人们非常关注客体关系在移情中的表现方式，以及一些病人在回避直接情感接触时体验到的倒错快感。 Smith（2006）认为，移情中的这些活现是 Freud 关于拒认的观点的例子。

Rosenfeld（1971）将他的病人分为两组，Britton（2003）也根据病人转向理想化的内部客体的不同程度做出了类似的区分——更多是为了自我保护，还是出于对外部客体的敌意。

多层级和内部结构

Klein 想象婴儿内在容纳着许多“好”和“坏”的内部客体版本，它们在不同发展阶段的不同时期被内射。她似乎将这些阶段等同于层级——也许是意识的层级——认为它们或多或少与现实相关。首次内射（既内射自我也内射超我）的客体是被投射了生本能和死本能的客体，因而被感觉为很极端的。在 Klein 的理论中，超我产生于生命的开端，它包含了一些极端非现实的客体，这些客体在 Klein 所谓的早期严苛超我中起到部分作用。

Klein 认为，虽然整合可能发生在某个层级上，但分裂可能会在另一个较少意识的层级上继续。各层级可能或多或少具有多孔性，某一层级的内部客体可能会也可能不会影响下一层级的内部客体。未解决的分裂导致了意识和潜意识之间僵化的而不是多孔的屏障。正如我在之后会讨论的，1958 年 Klein 将极端的原始客体从超我中移出，将它们置于她所称的“深层潜意识”中，并认为它们不参与其他层级的内部客体的交换活动。

在此一年之前， Bion（1957）也对人格的分裂进行了思考，他提请人们注意精神病病人人格中的神经症部分，以及在严重的神经症病人那里有一个精神病部分，把能意识到内部和外部现实的能力，分裂成微小的碎片。在 1940 年，Freud（1940a［1938］）[203-204] 描述了神经症对现实感知的拒认：

> 当外部世界让自我感到痛苦，自我经常处于一种挡开外部世界的某些要求的位置，这是通过拒认感知来实现的，这些感知能认识到现实要求。这种拒认经常发生，不仅仅是恋物癖者的特征；无论何时，只要我们能够研究它们，就会看到它们其实都是为脱离现实所做的折中的、不彻底的尝试。拒认总是以承认作为补充；两种相反和独立的态度同时出现，并导致自我分裂的情况。问题再一次取决于两者中哪一个能够掌握更大的力量。
>
> 我们刚才描述的这种自我分裂的事实，并不像最初出现时那样新奇。这确实是神经症的一个普遍特征，在主体的精神生活中，就某些特定的行为而言，存在着两种不同的态度，相互对立，相互独立。

Bion 描述了这如何让病人感觉“被囚禁在他所达成的精神状态中”，并且，像 Freud（1940e［1938］）一样， Bion（1957）提到“人格的这些部分之间不断扩大的差异”。

临床材料

现在我想回到 A 夫人，她的梦说明了我所描述的一些分裂机制❶。当 A

❶ 病人的病史虽然与本文内容相关，但由于需要保密而被省略。

夫人第一次找到我时，她哭了，但她想不到是什么在让她苦恼。她的话被什么东西打断了，我很难拼凑出她不完整的句子和单词的意思；我觉得就像有人在试图说话时被勒住了脖子。我想起了 Bion（1959）[106]的描述，“对病人与环境之间或病人人格不同部分之间的连接进行破坏性的攻击”。我开始认为 A 夫人有一个自我破坏性的超我，不允许她有任何弱点或不完美。

A 夫人似乎在分析中安稳了一些，但我在她的第二个学期内中断了半个学期的分析，几乎没有时间提前为这个中断做准备，她的情感从分析中消失了，除了我自己的失败感、内疚感和不安之外，我没有什么可以继续工作的了。我也不确定她在这段中断之前是否已经有更多的情感投入，或者这只是我的想象。我杀死了所有活着的连接吗？直到大约两年后，她才证实，这一中断是极具创伤性的，那时她完全切断了直接的情感表达。当时的一个梦给出了她对那个版本的分析的感受。

A 夫人在做分析时不得不住在我的房子里。但我出去了，离开了她，而她想喝一杯。她发现了一个水龙头，从中流出一种内脏般的液体，然后她喝了起来。这种液体使她瘫痪，差点要了她的命。然后，她发现自己在地下室被一个俄罗斯互惠工（*au pair*，指住国外家庭，以劳动换取食宿并学习语言）照顾。

梦中的俄罗斯互惠工让她想起了一个关于东欧助产士的电视节目，在节目中，婴儿出生后被包裹起来放在手推车的架子上，然后在严格规定的时间被带到母亲身边，所有的婴儿都被轮流抱来。我们两人都很清楚这部分梦的意义，在 A 夫人的感觉中，分析是一种完全非人性化的、冰冷的、她必须服从的喂食方式。她必须找到一种方法来应付被我遗弃的情形，这就是喝一些让她瘫痪的东西。 Segal（1993）[55]写道：

所有的痛苦都来自生活。出生迫使我们直面各种有关“需要”的体验。与这些体验相关的，可能有两种反应，我认为，这两种反应总是存在于我们所有人身上，尽管比例不同。一个是寻求需要的满足：这是促进生命的，并导致寻求客体、爱，以及最终关心客体。另一个是灭绝需要的驱力——灭绝有感知能力的体验自体（experiencing self），以及任何被感知到的东西。

我认为这次中断是创伤性的， A 夫人喝到我的内脏液体，但我也认为让她继续分析的内脏液体可能是黏稠的（黏性的），其中包含一些正当的委屈，这让她恶意地切断了自己苦恼的感觉，并惩罚我——在这种情况下，我们被困在那里一段时间。她感受到自己的优越感，这种优越感不仅有对于在地下室的我的，还有对于她的婴儿部分的。我是地下的一个互惠工，她是因认同了中断联系的母亲而毫无反应的病人，与她建立联系完全是我的责任。反过来也是如此：她是那个互惠工，付出了巨大的努力来参加对她毫无反应的分析师-母亲的分析会谈，分析师-母亲只是按照时间表做事。我对她的抛弃以及她的反应使分析剥离了感情。

从这种体验和她的梦中，我理解到 A 夫人很怕伸出手去抓但是抓不住任何人，我想，这恰是她在移情中创造的氛围，我被感觉为无足轻重的人，而她没有感情。我面对的是一个病理组织。我的直觉是，最初的动机是防御性的，而不是破坏性的，但我不能确定，这两种动机显然都存在。

A 夫人通过分裂和碎片化她的情感性自体，并将其分散在其他人身上，避免与自己的情感接触，我怀疑这些人很好地符合了她的投射。这种处理方式使她的空虚感永久存在并增强。她非常积极地为其他人着想，她觉得他们几乎没有能力控制或照顾自己，需要她照顾他们；为了满足他们的需要，她感到有很大的压力要到处快跑。在相当长的一段时间里，我被包括在这群需要她关注的人中，她清楚地注意到她在与我的关系中很积极主动；但她没注意到，她并不积极主动帮助我理解她。她发现分析毫无意义、枯燥乏味、毫无价值。我被当作一个提出不合理要求的孩子，这个孩子不明白她早已得到足够多的东西。

A 夫人对自己的关心在很大程度上被分裂出去，在移情中，她的关心集中在我身上。我觉得她需要我代表她努力工作，把她说过的话的片段收集起来，把投射到我和其他人身上的她的那些部分收集起来，把她可能的感受和原因联系起来。当她能够理解情感的意义时，我就有可能接触到她。随着时间的推移，当我可以把事情厘清，我对她成了有价值的人，然后她慢慢地允许自己有感情。比起自私、贪婪或攻击性，她仍然更喜欢在道德上受苦，但在一定程度上，她能够恢复自己的这些方面，尽管她不能用它们来自我保护，而我不得不看着她受苦。

在分析结束前的两三年里，我越来越相信 A 夫人可以为自己做更多，比起她想让我知道的，她自己可以在分析中理解更多。我认为当她看到我干活时，她得到了一些满足。我认为所发生的与 Edna O'Shaughnessy（1981）所描述的发展类似，某些病人需要有与积极回应性客体在一起的安全感，一旦获得了安全感，就会从控制中感受到乐趣。她带来混乱的材料，当我把其中一些与她建立起联系时，她即刻的反应是防御性的，但在接下来的那节分析中，她比前一天更加连贯和有思考能力。她说，尽管她“最近没有被锁在车外，也没有头痛欲裂”，但她非常担心没有我她该怎么办，然后继续说“假期里发生了一件有趣的事情，市政会告诉我们必须整理自己的垃圾，并说收集者只会拿走整理好的东西”。我回应道，我认为她觉得我好像说：“你不能让我去做所有的工作，理解你说的话，你必须自己去整理你的东西。”

她同意这个诠释，接着告诉我一个梦：

我们打算和 William 一起过周末，他在德文郡买了一栋房子。我不认识路，于是他的妻子 Marina 沿着车道下来，我跟着她。还有其他人，他们也跟着她，我们走进了房子。有一扇门，为了让光线进来，Marina 把它变成了一扇窗，然后 William 进来了，他带来很多孩子。他从旅行中把他们带回来；你知道的，他参加那些探险。我们谈论他的旅行，我不知道北极和南极的区别，我们也和孩子们交谈。然后他喂他们，他们非常饥饿，他们变成了动物，食物快吃完了，于是他又拿来了一些，一条猪腿或火腿。它被插在烤肉钎子上，他担心不能很快烤熟它。这些孩子们不再是之前动物的样子。

她联想到电视上的一个男人，他从碟子里舔牛奶，像只猫那样；她觉得这很令人不安。看到他做这么丢脸的事，她感到很不舒服。

这个梦的某些方面我还不理解，但我认为，就像梦中的窗户一样，当我把 A 夫人的某些部分从寒冷的地方带回来，并用我的注意力和理解力喂养她时，分析带进来一些光亮，帮助看清我们之间的关系发生了什么。她渴望得到我的关注，但作为一个"观众"，她看不起自己，厌恶暴露自己动物的一面。我对 A 夫人说，她觉得饥饿会把她变成一只动物，从我这里拿走食物——事实上，是对我有好的感情——让她感到非常不舒服，好像她在做一些非常恶心和贬低身份的事情。我接着说，我作为垃圾收集者的这个关系版本，让她舒服多了。她回答说："我认为情况没有改变。我仍然觉得饥饿是一种耻辱。"

现在我想回到分析的最后一个阶段，也就是我在文章开头讲述的那节分析，在那一节中， A 夫人告诉我一个梦：召唤空军轰炸汽车。在这节分析中，她详细谈到与她有关系的组织和个人，他们需要她的帮助。她告诉我，还有其他一些"极端分子"，她正计划与他们一起工作，她含糊地说，"将与他们分享她的想法"。我已经失去了一个会因将要离开而焦虑、很快只能停泊在分析之外、感情极端、很可能会伤害我的病人；取而代之的是，那个过去我熟悉的病人现在回来了，她有一个被炸毁和分散的自我，是个很受欢迎的人，她觉得平等对待他人很重要，只能给予每个人有限的关注。我认为，随着即将到来的结束，为了不面对她和我力量的有限性，她正在避免与我和其他人密切接触。第二天，她带来了一个梦：

她在电梯里，拿着孩子们洗得干干净净的衣服，想在一楼下电梯，但无法达成。她又被电梯拉到第四层，在那里，经过一番艰难的挣扎后，她终于挤了出来，挤进一间公寓，在那里她发现了两个男同性恋者和一个满是青蛙卵的水池。蛙卵开始四处蔓延，使她非常苦恼和焦虑。

我对旧版 A 夫人的回归感到相当绝望，我认为梦描述了我们的处境，她处于一种远离底部的高位状态，我们两人都被那个脆弱的她的碎片包围着，她与那个脆弱的她没有情感上的接触，碎片的数量似乎正在以惊人的速度增加。我说，我认为她被带到了一个高位状态，失去了与自己的联系，也失去了与脚踏实地和面对现实的能力的联系。她受伤了，很生气，抱怨我以一种非常不友善的方式把她带回低位。第二天，她向我重复了这一点，并尖锐地告诉我，我和她说话的这种方式是分析的一个特点，她以后不会怀念这个。我的干预缺乏细微的体谅，我意识到，直到现在，我才开始理解梦中许多事情的意义。我说，我想她心中的我有一个版本，这是一个非常自恋、高估自己的价值、想象通过"分享我的想法"帮助过她的人，一个现在即将潇洒离开的人，让她变得脆弱和不设防，我没有意识到我对她的分析的局限性，也没有意识到她所面临的困难，而她现在必须自己处理这些困难。气氛有所改善。

后来我有了其他想法，这些想法被随后的几节分析中的材料证实。我认为我是 A 夫人想要指控的陷阱电梯，把她困在里面，让她参与了一个漫长而密集的每周四次的分析，而她想要的只是一个保持更远距离、一周一次、更短的东西。如果她能早点在一楼出来，一切早就好起来了。当她仍然理想化我的能力的时候，她本可以离开的，她不止一次对我这样说过。相反，她现在发现自己不得不面对分析的局限性，正如她在分析过程中的某个时候所说的："谁想要抑郁位相？我不明白为什么会有人想要它。"

在这几节分析之后， A 夫人变得更加脚踏实地，重新对结束感到悲伤和害怕。正如我提到的，她的愤怒更多地是对那个版本的我，一个自恋的、只关注自己的人。她还记得一个梦的片段，梦中地毯下有血迹。很明显，她一直试图把"地毯上的血"藏在"地毯下"，并被两种同样令人不安的分析结束版本吓坏：一种是，我是凶手；另一种版本是，她是凶手。她也知道她想结束，她的分析不能永远持续下去。

讨论

分析在多大程度上改变了 A 夫人？她碎片化的程度有没有减少？以及

早期理想化的、令人恐惧的内部客体有没有被修改？

Klein 在多篇论文中反复提出类似问题，即精神分析能够在多大程度上改变原初内部客体。1927 年她写道，“通过对儿童的分析，我相信他们的超我具有高度阻抗，本质上是不可改变的”（Klein，1927）[155]。1929 年，她说早期的严苛超我可以改变，但在 1933 年，她认为即使如此，“分析永远不能完全消除超我的施虐核心”（Klein，1933）[256]。1952 年，她提到了“自我对超我的逐渐同化”（Klein，1952）[74]，在同一篇论文的注释中，她阐述了只有通过彻底分析负性和正性的移情，才能“正如我们说的，在根源上，减轻迫害和抑郁焦虑”（1952）[91]。Strachey（1934）充分阐述了在移情中工作对超我的修正作用。

Klein 在这个问题上的最后陈述是在 1958 年，当时她提出了一个既允许修改又无法改变的理论。她得出结论，极端早期内射的客体的一些部分被分裂出来并进入深层潜意识，在深层潜意识中它们保持不变，但同一极端客体的其他部分位于自我和超我中，通过相互之间以及与外部世界的互动，有机会被改变。在健康个体中，这些形象只有在极度压力下才会突然进入意识，但对于其他由于体质虚弱或缺乏良好经验而发展得没那么强大的人来说，这些形象可能更容易进入意识引起混乱。Klein 指出，极端早期内射的客体主要由去融合的生本能与死本能组成，而位于自我和超我中的客体是由两种本能的融合体形成的：

这些极其危险的客体在婴儿早期会引起自我内部的冲突和焦虑；但是，在极度焦虑的压力下，它们和其他骇人形象，以一种不同于超我形成的方式，被分裂出来并被降到潜意识的更深层。这两种分裂方式的不同，也许可以让我们了解到分裂过程发生的许多尚不清楚的方式，即在分裂恐怖形象的过程中，去融合（defusion）似乎更占优势；而超我的形成是以两种本能的融合占主导的。因此，超我通常建立在与自我密切相关的基础上，并分享同一个好客体的不同方面。这使自我在或多或少的程度上整合和接受超我成为可能。相反，极端的坏形象不会以这种方式被自我接受，并不断被自我拒绝。(Klein，1958)[241]

Klein 的最终理论既包含了极端的、无法改变的、骇人的形象，也包含了严苛但可以改变的超我形象。

结论

A 夫人的案例可以从多个方面进行扩展和探讨，但我已经缩小了范围，将我的重点限制在分裂这个主题上。从分析早期的梦来看， A 夫人在她的客体里面，但在一个被贬低的地方：地下室。她展示了一幅自己被遗弃而孤独凄凉的画面，她被一个忽视她的客体掌控，这个客体让她自己去寻找水龙头。在第二个梦中可以看到相当大的变化，它描绘了一个对情绪敏感的客体，他把她从寒冷的地方带回来，喂养她，并且担心她是否能得到足够的食物，他是一对夫妇中的一方。我被感觉为不仅是一个垃圾清理者，也是一个建立情感联系的人，为她提供理解，更重要的是，为她提供审视自己、思考自己、建立自己情感联系的手段。

随着她的分析接近尾声， A 夫人在情感上更加鲜活，但即将到来的分离，随着她认识到丧失，引出了从深层潜意识中爆发出来的骇人的内部客体，它不接受丧失的痛苦或羞耻，并威胁要破坏她好的容纳性客体，即父母的家/我，可能伴随着“分离就等同于谋杀”的指控。为了关心她的客体，A 夫人叫来了爆破者。这导致她碎片化，排空丧失的痛苦，然后她回到了对她的“理想”客体的认同，但这个“理想客体”实际上是充满恨意的和可恨的非现实客体——其实那里什么都没有。我们两个可以一起思考这一切，A 夫人恢复了平衡。

真狼和假狼：在复杂临床病例中交替进行压抑和分裂

斯蒂芬诺·博洛尼尼（Stefano Bolognini）❶

在精神分析诞生一个世纪以来，来自不同方面的无数科学贡献丰富了它，使我们专业的理论范围极其复杂。这些贡献在不断扩大的领域中，至少在一定程度上阐明了个体的精神生活，以及分析师与病人这一对组合在分析工作中的运作方式。

大多数分析师都致力于完成一项长期而艰巨的任务，即从文献、研讨会研究和大会中了解、扩充、评估和选择一套概念工具。这种方式的目的是整合新的理论突破，以证明它们对理解不断变化的临床现实是有用的，同时，证明它们与自己早期建立的分析性认同是一致和充分协调的。

因此，这种方法与“把过去学的东西中的一块去除，用看似新的东西以块状的形式取代它”是截然不同的。

过去，神经症是一个被广泛研究的主题，它曾被关注的程度就像今天它被忽视的程度一样。当今，曾经非常常见的“纯”神经症临床病例的发生率

---

❶ Stefano Bolognini 是意大利精神分析学会（SPI）的培训和督导分析师。他是该学会的科学主任，博洛尼亚精神分析学院院长，以及 IPA 欧洲董事会代表。他是严重病理委员会的联合创始人，他在精神病学公共服务和边缘性及精神病性青少年日间医院担任督导。他是 SPI 主席，IPA CAPSA 委员会联合主席，以及 IPA 100 周年纪念委员会主席。作为《国际精神分析杂志》欧洲委员会的成员，他在精神分析领域的这个最重要的国际期刊上发表过论文。他的著作《精神分析性共情》（*Psychoanalytic Empathy*）以意大利语、法语、英语、德语、西班牙语和葡萄牙语出版（希腊语版本也即将出版）。他最近的著作《秘密通道：心灵间维度的理论与实践》（*Secret Passages: Theory and Practice of the Interpsychic Dimension*）（2008）的其他语种译本出版正在计划之中。他还出版了《如风如浪》（*Like Wind*，*Like Wave*）（2006），这是一本有趣的个人轶事集，每一篇都以珍贵的精神分析智慧作为结尾。他在意大利博洛尼亚生活和工作。

无可争议地逐渐减少。以上对其性质的总体评论是恰当的。

然而，正是当前临床病例的复杂性表明，我们手头有的是一套适用于神经症的临床理论工具。我们非常清楚，在实践中当代精神分析经常（有充分的理由）在神经症型的防御组织和更原始的防御组织之间变轨“追踪”，并被错综复杂的调整和“混血”的病理解决方案包围，远远超出 DSM-3、DSM-4 等等中的各种广为人知的简化公式。

在神经症病例的临床领域中，防御建立在压抑、置换、固着、虚假连接以及相对的冲突和结构性驱力之上，和许多同事一样，我也认为如果一个人想从事我们的职业，对以上领域的相关胜任力在今天和过去一样重要。

病理学变异和在家庭、文化和社会背景下的超我表征危机都已经发生，超我表征（伴随防御性自我的性格结构）曾经是冲突和压抑的传统发生器：在多个方面，有报告称父系系列的内部和外部表征被广泛剥夺；反之亦然，在同样社会文化背景下，似乎重视基于自恋的、倒错的、引起退行的方式的俄狄浦斯情结伪解决方案。

然而，在大多数分析中，神经症的“通道”似乎是不可避免的，与过去相比的差异似乎主要在于它们以更频繁出现和更高强度的复杂病理结构为特征。

同样地，精神分析师的理论和诊断工具包也在不断变化，以至于重新阅读精神分析开创时代的“癔症”临床病例时，我们越来越多地想到，重新形成的诊断倾向于“边缘状态”甚至精神病。

在不讨论这些评估是否正确的情况下，在本篇论文中，我讨论其他方面，包括神经症性防御与复杂临床病例之间的关联和现有表述，这些复杂临床病例仅部分对应于神经症的传统概念，但与之没有足够大的差异，不足以在神经症之外给出清晰划分的诊断标准——我认为，这是一个“混合”范畴，与我们在办公室里每天处理的绝大部分病例相对应。

我将在本文中介绍和评论两个有清晰诊断的病例的临床资料，我希望通过这两个病例分别展示神经症机制是如何被建构的：

1. 在第一个病例中，性身份部分障碍的动力性借口；

2. 在第二个病例中，一个倾向于边缘状态，在神经症、精神病前期和变态防御之间切换的主体的“通道”状态。

本文的目的不是对神经症的特定方面发展精确的理论观点，而是强调对复杂病理形式中存在的神经症方面的潜在关注的效用，我认为在当代精神分析的临床案例中这方面十分具有代表性。

因此，我将概述两个临床病例，这两个病例的严重性和治疗中存在的困难非常不同，具有各自的鲜明特征。

然而，它们有一个共同点，即神经症模式的防御和其他不同程度的病理性症状交织在一起。

我坚持认为，在这两个病例中，一种片面的、简单的诊断（两个病例分别是“性身份障碍”和“边缘状态”），其本身在绝对意义上不是“错误的”，但可能会“掩盖”——甚至是“绕过”——神经症的组成部分，造成理解病人的心理功能和选择治疗期间可采用的复杂技术模式的一些困难。

Roberta 的案例：从山羊宝宝到伪狼，再到狼女

Roberta 是一位 30 岁的女性，长相很讨人喜欢，但她仍然以一种男性化的方式展现自己；她时不时地从穿一条灰色的裙子（“老处女”的那种）换成裤子，但她通常穿着合脚的鞋子，穿着“严肃”的颜色，她的发型“适合女性”——由美发师“指定”的发型似乎被戴在脸上，就像戴帽子一样，不是自发的，也不符合她的其他部分。

在我们的第一次会面中，我发现自己有种奇怪的感觉，那就是我在与一个可能算是女性化的但以男性化的方式被养大的女人打交道，而不是与一个全面男性化的女人打交道。在被几位神经科医生检查过最近（三四个月）的广泛性焦虑后，她要求进行分析。对于像她这样有决断力的人来说，这是一种全新的感受。她发现自己被这种症状吓坏了，并且“迷失了方向”。在同

一时期，她有一种疲惫和失去能量的感觉。

两位专家在做了适当的临床测试后，都给出了神经症性障碍的诊断，并建议她咨询精神分析师。

Roberta 是一名牙医，她从父亲那里继承了诊所，父亲从祖父那里继承了诊所，祖父从曾祖父那里继承了诊所。

她在很短的时间内——6 年前和 5 年前——相继失去了双亲，这使她遭受了巨大痛苦。

从我们分析中最早的描述中，不时会出现这样一个事实：作为一个女孩，她与父亲密不可分。然而，父亲实际上把她当作一个儿子来对待。她有一个大五岁的哥哥，但他很早就表现出软弱和问题重重，父亲最终认为他注定是一事无成。

然而，当她穿着短裤留着平头“殴打”附近的孩子时，当她在教区的足球场上高傲地进球时，父亲充满热情；当他带着她一起打猎时，他给她买了一把小来复枪，虽然小但正宗，真的可以射击。

女性气质是 Roberta 母亲——一位美丽、优雅的女士——的特权，她对自己非常着迷，每天在市中心的精品店备受尊崇，是社交晚会上耀眼的贵妇人。

Roberta 承认她从不关心自己的美貌，她向我吐露，她从来没有在商店里为自己挑选过一件衣服。

不管怎么说，尽管这位病人支离破碎地提到了它，但似乎并没有完全意识到自己经历的这种矛盾的俄狄浦斯安排：她是父亲最宠爱的（男性）儿子。

她对父亲的明显认同，就父亲而言，这是她对指向父亲的驱力的防御，就母亲而言，与一位如此美丽迷人的母亲的竞争难以维持，父亲（对妻子的女性气质感到满意，对第一个儿子感到失望）为女儿提供了大量阳具方面的强化，以上因素叠加，逐渐扭曲了她一部分的性别身份。

这种父系期望的“嫁接”本应取得成功，因为病人对自己的存在方式表现出明显的自恋投入，从其内在来讲这似乎具有合法性及可利用性。

尽管如此，Roberta 并没有完全放弃她的女性身份，从青春期起，她就有了一些男性崇拜者；然而，他们大多是不成熟的软性子，乐于依赖像她这样坚强、务实的女性，需要一个“结构化”的阳具来支撑他们，并以一种强大、可靠的方式组织他们的存在。

在最初几个月的分析中，在移情中，Roberta 在和我之间重复了和她父亲的体验，以对待她父亲的方式对待我，从某种意义上说，她设法让我习惯了她，把她看得高于一切。她是一位前卫和“以事业为导向”的牙医，在我看来，这相应地培养了强烈的理想化。这种父系移情倾向于让她刻板地通过过度投入职业斗志来重复一致性模式：通过扮演超我的理想而使超我得到满足（并受到诱惑）。

接下来，我可以感知到一种互补的、强烈的内隐压力，我应该扮演（在我身上通过感应来再现她的内部轴心）这样的父亲——他对“头生子 Roberta”的表现如此热情，我应该和她组成一对，这个一对是更“单一整体的”而非分析性的一对，不能被驱力或对比超越。

每周四次的分析，进行了差不多三年，才开始改变这种内部状况，并赋予它一些改变的动力。

Roberta 从未完全放弃做我的“病人/儿子——头生子——最喜欢的人——相似者”，但随着她越来越意识到这种移情倾向，她越来越能够识别、理解、调整和转化它。

与此同时，通过复杂的分析变迁（为了简洁起见，我将不在这里报告），真正的女性特点开始在她身上绽放：她会越来越频繁地穿裙子，她开始能够“看到自己”穿着漂亮的装束，等等。我知道这种类型的分析性评估既不罕见，也不新颖，每位同事都看到过这类的发展过程，随着进展，梦和幻想中的冲突出现，病人经历了欲望的诞生，并开始将自己表现为女人，等等。

我提供这张不断发展的图景，是为讲述第三年分析中的特定小节提供基本背景。在那个小节里，伴随其他一些内容，我们可以观察到诠释的技术问题，这种诠释作为非破坏性的选择性解构，我将特别关注它。

在之前的分析中，想要孩子的愿望（Roberta 嫁给了一位前同事）的出现给病人带来了以下问题：接受怀孕是否意味着彻底放弃男性身份？同时，这是否意味着放弃在口腔医学院努力十年才获得的顶尖牙科专家身份？

那节分析

今天，Roberta 大摇大摆地走进办公室，很明显，她在模仿一位被她高度理想化的运动员（一位著名的篮球运动员），她眼神非常坚定，就像一个必须完成某项任务的人；今天，她穿着裤子，在之前几次分析中，她穿了裙子，显得很女性化。她躺在沙发上，似乎伸展了一下，但也让自己"泄气"了一点；给人的印象是一种无法确定的距离感，夹杂着疲劳。然后她恢复之前的样子，开始说话。

P. *："我们开始。（停顿）昨天晚上，和 Giorgio（丈夫）好好想了想买什么车。这辆车必须得换，现在的那辆，旧的'双门跑车'，它太小了，不太实用，而且有些地方坏了，不值得再花钱维修，尽管我对此感到有些伤心……Giorgio 推进（pushing）我们买一辆沃尔沃旅行车……是的，它很美……但它是巨大的！太大！！我能把它放哪儿？……它会把东西堵住的……"

开头的气氛听起来明快、超然、"运动帅气"（sporty）——"我们开始……""好好想了想……"，Roberta 给人的印象是幽默、调皮的，但很快她的不安就显露出来。我认为病人在谈论她自己，以及她自己不可避免改变的需要/机会/可能性——"车必须得换……" "它太小了，不太实

* P. 指患者，即 Roberta，下同。——译者注。

用，而且有些地方坏了”。丈夫“推进”（一个多功能的、与性有关的表达）买一辆大容量的车（有个肚子），但 Roberta 害怕，她不知道“把它放在哪里”（如何在她的内在自体表征中放置它）……“把东西堵住”（也就是说，它会占据内部和外部的空间，远离她的其他活动和特性：现在她是一个超级快的双门跑车/牙医；如果她变成妈妈/旅行车，她将失去运动帅气/阳具的一面，等等）。这是有趣的一节分析的开始，但我觉得最好不要提供诠释，而是让联想流动发展，尽管有内容冲突，但它仍能保持足够的流动性。

P.：“它在车库里放得下；对我来说，问题是如何驾驶它……我一直更喜欢小型车，它可以在任何地方找到停车地。”

A.*：“它可以在任何地方找到停车地？……”

P.：“你占的地方越小，就越容易找到一个地方……（停顿几分钟；我清晰地感觉到她的内在正在打开并形成新的内部连接）……我小的时候，喜欢听一个关于一只狼和七只小山羊的故事——在那个故事里——狼进了屋子，吃掉了所有的小山羊，除了最小的那只，它躲在摆钟里救了自己……”

我认为一个女性的 Roberta 的问题［沃尔沃/外阴（Volvo/vulva）］，即怀孕（旅行车），不是一个简单静态的自体问题（“在车库里”），而是涉及自我功能调整（“驾驶它”）到新的、最终的女性的母性身份，这是“如此庞大”，这最终可能在她今天的心智中被拒绝（“找不到停车地”），就像曾经在她父亲的心智中一样。我被汽车/小动物“在哪里都能找到地方”的想法触动，我正要问她关于狼和七只山羊的童话故事，尤其是那只“最小的”山羊，它设法“置身于任何地方”，甚至在摆钟里，这时 Roberta 又开始说话了。

---

* A. 指分析师，下同。——译者注。

P.："……你知道我三个月大的时候，我父亲救了我，他开车把我迅速送到医院，在车上把我装在一个盒子里，因为他独自一个人，我母亲不在家？我得了急性支气管炎，呼吸系统出现了危机；这件事是他们告诉我的，我自然一点也不记得了。"

这个时候，病人"转换话题"（她自己的话），然后无聊地讲了20分钟，她讲的都集中在她是X教授——系主任和公认的学校领导——的得力助手，以及他和同事之间的某些争议上。

Roberta无疑是她所在领域的一位非常优秀的专家，她对这个学科充满了真诚的热情，但她话语中令人感到乏味的一面是她在学院的政治斗争中作为教授"可信任的人"的好斗表现。Roberta把自己塑造成一个战士，在所有战线上都与她的老板团结在一起，仿佛她是他的一部分，她带着一种先验的赞同语气，在"奸诈的失败者"（其他人）和"认真的人"（老板和他的随从）之间做出严格区分；而老板，从他的角度，则利用这种移情，给她分配困难的任务，并确保他自己在任何学院冲突中得到支持。

另一方面，在其他时候，Roberta从整体上"是"他，说话也像他，处于一种完全认同的状态。

A.："要怀孕的想法似乎给你带来了各种各样的问题——一部分是你自己的问题，因为你习惯了像双门跑车一样又轻又快，你很难想象自己是一个'家庭号'的容器，像一辆旅行车；另一部分和X教授有关，他希望你在学院全身心投入，而你担心你和你的丈夫、孩子一起'背叛'他。"

P.：（艰难地）"嗯……在某种意义上……他确实为我做了很多事——他让我进入了诊所；如果不是因为他……在职业上，我的一切都归功于他。"

A.："就像你的父亲，他火速地把你送到（儿科）诊所，救了你的命。事实上，我认为当你从谈论三个月大的时候被送到医院，到谈论X教授时，你并没有真正'转换话题'——对于这两个父亲，你'欠他们一切’。”

P.：“事实上，他们对我只有好处……”

对于“超越”父亲的等价物这一想法，她肯定有一种可察觉的负罪感。

A.：“事实上，情况可能是这样的。但有一个元素并不符合这幅理想的画面，那就是狼和七只小山羊的故事。在那里，有一个实际上很坏的‘大狼’，它想吃掉‘小家伙’：最小的那个设法藏起来了，所以它救了自己。我想让你注意到，它设法让自己不被发现，藏在一个非常特殊的物体里——在一个又长、又细、又直的物体里……‘技术性’的说法是‘摆钟的塔楼’。它可以藏在其他什么东西里面或下面，但它恰恰在那里……”

P.：“这是真的。我从来没想过。”

事实上，我们这节分析结束的时候，时钟上的表针指向第45分钟，带着悬念，病人陷入了沉思和困惑。

解说

你可以想象，这节分析为病人的治疗开辟了新的前景。

在随后的会谈中进一步分析了这一材料，这项工作仍在进行中。我在这里以综合的形式报告了正在出现的结构，这种方式使我能够在混合的精神病理场景中发现突出的神经症方面，从绝对的角度来看它并不严重，但也与身份障碍领域有关。

Roberta在一定程度上躲避了俄狄浦斯情结，以她所有幻想的变迁和驱力，将自己认同为父亲的阳具（＝隐藏在摆钟里），扮演她童年时期父亲的阳具理想（在体育/运动层面），扮演她现在职业父亲的阳具理想（在技术/研究院层面），扮演她幻梦的、永恒的宇宙中内在父亲的阳具理想。她会倾向于对我做同样的事情，在移情神经症中，用一种令人信服的常态适应，呈现“摆钟/好斗的分析态度”。

这无休止地再现了一个不真实和虚假自体的问题。（我认为虚假自体是对一个被体内化的（incorporated）或被内化的（internalized）——不是被内射的（introjected）——客体的投射的认同的产物。）

摆在我们面前的分析工作似乎还很长且复杂。

一方面，在分析中，我们必须再次找到藏在摆钟里的小山羊，让它尽管恐惧仍能出来，这样做让它回到最初的自己，并面对与客体的关系：Roberta必须重新遇到她自己，那个害怕的、被压抑/隐藏在摆钟里的自己。

这种恐惧是曾被压抑的，并将被找回的“宝藏”。

父亲带着三个月大的婴儿去医院的场景，伴随着死亡的恐惧（支气管炎），“当时母亲不在家”，随即伴随的联想（事实上是紧接着的联想）是狼和七个山羊宝宝的童话，创造了一幅永久的幻梦一样的画面，这需要在分析中从本质上重新审视：就好像父亲/盒子婴儿床把女儿从死亡中拯救出来，而死亡与母亲的缺席密切相关，而且，通过紧接着和后续的联想看到，缺席的母亲无法从父亲/狼那里拯救女儿，因为父亲/狼太过频繁地出现、侵入和吞食女儿。

这幅幻梦般的画面似乎浓缩在一个单一的、永恒的场景中，那包含一个戏剧性事件的两个截然不同的阶段：①原初客体关系充满了对死亡的恐惧，伴随“在场”的客体（救世主的父亲，她“欠他一切”，感激她可以活下来）和“缺席”的客体（自恋的母亲）的分裂；②这是俄狄浦斯的结构，对于父亲，“她欠他一切”（这一次的意义是不同的，具体讲是她没有成功地脱离父亲/狼），母亲“不在家”，母亲不能以自己在场的方式来保护她。

如果狼、山羊宝宝和摆钟重新定义了自己（如果妈妈/山羊妈妈/分析可以以某种方式在房子/心灵的门口重现，这首先有对死亡恐惧的容纳功能，然后有对乱伦维度的准兴奋的容纳功能），事情的结果可能会不同。

有人可能会反对，正如我曾建议的那样，严格意义来说这个临床材料与性别身份障碍更相关，而不是与神经症更相关：最后，Roberta可能从外部看起来，像一个在女性/母性方面经历自体表征和自我实现的特定困难的女人，她倾向于呈现男性化的自体。

我相信这些公式将一个更复杂的现实过度简化了，在这个临床案例中，病人的神经症成分是基础的，即使它联合使用了某些传统上被认为是更原始水平的防御机制，比如认同。

特别是，我认为第一次的死亡体验，以及随后唤起的俄狄浦斯情结的变迁，的确，找到了一种“激进”的解决办法，即认同父亲，认同那个分裂的父亲-客体，并选择她自己的功能性的方面作为一种理想化的“父亲—儿子”结构；但分裂和认同机制必须在以压抑她的欲望、恐惧和内疚为基础的背景下进行，这些被“绕过”的东西只是部分地有利于其他防御方式的产生。

促使 Roberta 去看神经科医生的那些症状，实际上是她强烈压抑女性自我的信号灯；这些症状包括焦虑和疲劳，感觉没有精力。这就引出了本文的一个关键点。在压抑中有一种典型的能量消耗：持续压抑产生冲突的内容才能保持平衡，而这需要付出高的经济成本，疲劳是其症状。

那些能够对自体的内在部分进行稳固分裂的病人，最终会使自体变得简单化和贫乏，而且变得“更轻”（我说他们“旅行不用带行李”），相对没有症状，可能倾向于躁狂；另一方面，患神经症的人陷入代价高昂的压抑之中，常常“不堪重负”、疲惫、痛苦。

从经济上讲，前者失去了“资本份额”（share of capital；“资本”指的是内部世界的遗产，作为自己的基本禀赋），从它之中释放自己，并在某种意义上放弃它，因而他们避免了冲突。

后者——神经症者——不损失资本，但他们必须付出高昂的代价，以保持压抑作用，并在潜意识的“保险箱”中保存会打乱自己“客厅”* 安排的冲突因素：他们被能量成本耗尽，有黑眼圈，疲惫，和/或有神经症的症状。

至于 Roberta 的另一个症状，即“信号焦虑”（*Angstsignal*）（Freud, 1926d［1925］），我们应该记住它是如何作为一个警报系统，旨在避免死

---

* living-room，指意识层面的日常生活。——译者注。

亡/精神失整合的超人类主义体验：在本我的边界，被压抑的内容以一种冲突的方式施加压力，从而改变这个人的整个内部组织，准确地说，自我意象和人格组织的广义危机被主观上体验为对死亡的恐惧。

有人自然会反对说，Roberta 引发的狼，以吞食的方式为特征，是一种有针对性的方式，代表病人的口欲攻击，与此同时，原初母性客体涉及一个非常古老的投射游戏，遵循一种二元的、前俄狄浦斯期的方式。

不需完全去除这个成分，我觉得我不需要对它进行太多的证实：Roberta 在特定的“男性/女性”问题之外，具有足够和谐、真正温和和尊重现实的基本功能。

她没有明显的典型口欲方面的表现，如：迫切需要、用“全有或全无”的模式总结一个人的可能性、恐慌的购买行为、对人刻薄，或呈现混乱状态的倾向；她也没有表现出旨在否认这些特质存在的反向形成。

一般来说，她是一个功能良好的人，受到与她交往的人的尊敬和喜爱。

Roberta 的男性认同并不是原初的。

在我的反移情体验中也有一种有趣的复杂性：如果说一开始我经常感到被迫和她做一体的配对，体验她是“完美的儿子”，受制于她试图把我搭配为理想化的父亲的陈词滥调，后来，随着一节节分析开始又结束，我注意到我看到了隐藏在她里面的年轻女孩，她是害怕的。

为了帮助 Roberta 重新接触她的恐惧，我也必须解构她对父亲的刻板印象，这种印象已经被理想化和分裂了，我必须把它与狼的成分重新整合起来。这已经在分析中发生，通过移情的诠释工作，调动欲望和恐惧，有时指向分析师、她的丈夫，和她记忆中的其他人物或外部世界；有趣的是，这项工作不可避免地延伸到对 Roberta 与 X 教授关系的理解，这使病人开始以一种全新的方式看待这个方面。

顺便说一下，X 教授是一位真正有价值的教授，他教给（和将要教给）Roberta 的一切都是非常宝贵的：如果可能的话，这些都必须被保存下来。

被内射的部分认同（Grinberg，1976）是那些使人成长的东西。

这种整体的认同（钟里的小山羊，作为父亲和教授的“阳具”的Roberta）必须被解构——也就是说，通过分离组成它们的元素使其解绑，并用不同的含义和联系重新组合它们（Bolognini，2002）。

更具体地说：Roberta能成为一个母亲，同时继续做一个好的牙医，继承特定的父系元素，将它们很好地整合进女性自体吗？我不知道，但我可以想象一条可能通往那里的路。

我相信，在不久的将来，我们将不得不解构Roberta的好斗性，而不去除胜任力，解绑整体的阳具认同，并将真实的（内射的）与防御的（体内化的和投射的）东西区分开来。

与X教授的关系中，无论如何，Roberta必须通过经历一段体验，去认识她的基本恐惧（在学院和职业身份中“一无所有”的恐惧），和与成为教授最喜欢的学生的幻想有关的欲望。

这样一来，Roberta也许就能充分成为一个有点“狼女”（wolf girl）特质的人。

Umberto的案例：从卑微狗到真正的鬣狗，再回到小狗

我的第二个病例带我们进入这样的领域，在那里，神经症、精神病和倒错在流动中无缝地交替，在不同的功能水平上转换，这通常被称为“边缘的”。同时，我希望强调构成这一复杂图景中的神经症成分，其动力和经济重要性也应得到考虑。我们将看到，共情，虽然不是一个有意工作的工具，但可能会在一个复杂的心理间临床情境下发生：这是一个计划外但意义重大的事件，在精神分析理论中也是如此。

Umberto是一位50多岁的高中教师，现在已经是他进入分析的第五个年头了。因为广泛性焦虑症而开始治疗后，他很快揭开了那个盖子，里面引诱性的和暴力的倒错幻想在沸腾，对象是他的学生们，通常是最年轻、最没有防卫能力的女孩们。

今天是星期二，离圣诞假期只剩两节分析了。在昨天的分析中经历了几乎 45 分钟的沉默之后，这位病人身上有一种疯狂的气氛。我知道他现在的状况；这是典型的中断前时期，我将做简短的描述。然而，接着，Umberto 给人的印象是局促不安、优柔寡断、害羞、不确定和拘谨的。他躲在厚厚的镜片后面，跌倒在垫子上，有言语上的口误和遗漏，否认或非常明显地抑制自己的情绪，尤其是他的攻击性，导致了各种强迫症状。

Umberto 经常从这种神经症状态变成一种精神上的无效状态，凝视着虚无，似乎在表达“我的内心什么都没有”。当他这样做的时候，我认为他是在故作无知，扮演“死鱼”，取消他的思考能力。他将自己呈现为一个无脑的或精神病发作前的主体，是一种不可分割的混合状态，该混合状态由他所假定精神上虚无的癔症性状态和紧紧抓住他的某种思想的状态（即之后提到的倒错的孩子）交织在一起而形成。正如我之前提到的，就在这类分离之前和之后，一种进一步的变化发生了：在“无脑的做梦人”中，隐现着一个倒错的孩子，他以假装天使的神态详解可怕的施虐意图。

因此，我们可以想象如下的序列：

1. 在这节分析的开始，是 Umberto 这个被抑制的老师，在压力下，承受着症状，有时报告他的梦；

2. 过了一会儿，一个迷失的、精神错乱的、无法思考的中年男人取代了他；

3. 从这个人类“幼虫”中产生了一个恶魔般的孩子，无冲突、快速和果断地形成观念，他计划扣押、羞辱和支配一个女奴隶（他的母亲、他的女学生、分析中的分析师、他梦中的客体），以证明他在过去确实曾被抛弃，并在未来全能地避免被抛弃的风险。

第一种情况（被抑制的教师 Umberto）对应的是一种神经症功能水平，具有大规模的压抑，需要相当多的能量来维持这种压抑，以及不可避免的症状后果。

在第二种情况（精神错乱的中年男子）中，我们可以观察到类似于精神病性的微崩溃，由此显现出第三种情况，倒错的“恶魔般的孩子”，这是一种基于分裂和角色互换的解决方案：一个巨大的、坏的 Umberto（这个孩子实际上是为了逃避责任而做的婴幼儿般的伪装）占据了主导地位，以他的施虐方式对待这个无力的女人，但也是对待他自己有情感的和依赖的自体，这部分自体被分裂并投射到她身上。

在我所报告的这节分析中，Umberto 具有一种怪异的沟通能力，他似乎正处于第三种情况的临界点。

他跟我说话，就像我是一个可以被挑衅性地欺骗和嘲弄的超我。

这位病人似乎在暗示，他不仅有引诱这些学生的欲望，而且他“真的很想这么做，真的这么干了，我一边告诉你，一边用眼角余光看着你，看你是否会说些什么”。

这些天让 Umberto 很兴奋的是一个软弱和顺从的 18 岁女孩的声音，这个女孩真的曾是一位强奸受害者。他幻想以做学校的工作为借口，邀请她到他的房子来，给她喝有麻醉药的饮料，捆绑她，虐待她。

当他说话时，他的牙齿似乎变成了狼牙一样的尖牙。

当我听着他的幻想，想象着他描述的场景，我感到不舒服。Umberto 把为这个痛苦的女孩感到悲伤的功能完全委托给我，从而使他能够“轻装旅行，不带行李”（关于症状、梦和能量消耗）。

我想再次强调这一重点：压抑需要消耗能量。保持对产生冲突的内容的压抑需要付出高昂的经济代价，其症状是疲劳。

另外，那些能够果断地分裂自己内心的病人会使自体变得简化和贫乏，但却能够轻装旅行（就像我们之前说的，“不带行李”）；他们相对来说没有症状，尽管可能倾向于躁狂。相比之下，神经症病人从事的是代价高昂的压抑，因此感到沉重、疲劳和痛苦。

在心理经济方面，前者失去了一部分“资本”，牺牲了一部分资本以避免冲突。后者保留了他们的资本，但招致沉重的开支，以支付压抑的成本，并将会扰乱自我“白天区域”的冲突元素储存在潜意识的地窖里。伴随如此高的成本，他们出现眼袋、精神萎靡和/或神经症的症状。

我觉得Umberto通过在这些模式之间的交替实现不同功能。一方面，他似乎真的相信这个解决方案，这个方案既是施虐的，也是躁狂的，针对分离焦虑（他幻想分离和囚禁客体/女孩）和能力不足焦虑（他想支配她，并把她掌握在自己的权力下）。另一方面，我知道并感觉到他并不完全像这样运转，我必须记住，我正在与一个复杂的对话者打交道，在他内部，多级垂直分裂（vertically split levels）（Grotstein，1981）与各种程度的组织和情感贯注并存，就像真实的“人物角色”一样，它们有自己内在的凝聚力，在场景中交替出现。

根据我的共情概念（Bolognini，1997，2002），只有当我能够充分地感知并表征他内部结构的多样性和复杂性时，我才能设法与他接触。

这个病人生活的状态在神经症、精神病和倒错模式的心理功能之间波动。他有一定程度和部分的冲突;他不是一个“纯粹”的倒错者（如果你允许这种表达的话）。他有准精神病性的功能崩溃，但恢复得很好，在其内在和关系相对良好的时刻，甚至在道德水平上，他对自己的思想和情感采取了真正成熟、连贯和整合的态度。

当我和他交谈时，我必须小心处理他的各个功能水平，包括那些显现的和潜在的，因为我现在常常发现所有这些水平都在倾听，即使它们看起来好像没这样做。

和以前一样，我鼓励他讲述幻想，事实上这些幻想听起来令人不安，但却向我展示了他的自体最初的痛苦程度。由于分裂，他自己与这种痛苦没有接触，而是认同了攻击者，并将他有感知能力的自体投射到女孩身上。

然而，“认同攻击者的Umberto”显然是作为一个独立的元素被巩固和构建的，他自恋地被贯注情感，且在这部分自体内部是连贯的，而不管它的防御起源。

我是在对病人进行了长时间的和大量的分析工作之后才达到这种理解水平的。

开始，我只感到恐惧和愤慨，和他一样与他的健康部分失去了联系（Anna Freud在1936年写到有关“从病人到分析师的防御性移情”的内容），我和他共享了这个分裂（Bolognini，1998，2002）。现在，经过多年的个人了解和心灵接触，我可以容忍他的施虐者部分，以培养其内在的接触。

分析现在可以越发深入，因为病人自发联想到对一部有非常重要意义的电影的记忆，这部电影是 Patrice Leconte 的《理发师的丈夫》（The Hairdress' s Husband）。病人的愿望是，与母亲等价物建立和维持融合共生关系，就像电影里一样。当分析被一个较长的暂停（如假期）中断时，Umberto 首先变得困惑和退缩，这是精神病性的；然后，在没有意识到的情况下，他"崩溃"了，分裂了，变得躁狂，在心理上变成了一个怪物。

影片中，Anna Galiena 饰演的女主角为了逃离共生的镀金牢笼而自杀。这似乎代表了通过现实的工作，病人对此既有渴望也有反对。病人对电影的联想表明，相当多表征的工作正在进行中，我觉得我可以对病人说："我知道我在和两个 Umberto 说话。其中一个悲伤地意识到他的分离焦虑（过去来自母亲，现在来自精神分析师）和能力不足。另一个 Umberto 欺骗他自己，满足于一种施虐者的解决方案，这让他感到非常强大。我尊重前者，但我不得不说，后者是在徒劳地自欺欺人，因为他所渴望的持续结合是不可能的，即使他扣押了那个女学生。最重要的是，我相信你一定注意到了，这个想法恰恰是临近分析中断时形成的，这是我们的分离。"

然后是沉默、一段有思考的停顿、一种感觉——感觉这个信息已经到达了病人内心世界的目的地，并留下了工作正在进行的印象。病人慢慢地、努力地回到他自己。

施虐者并没有完全消失；他不会"死亡"，但理解这种机制，剥夺了他自恋的声望，他不再占主导地位。通过咬紧牙关，Umberto 接触到了自己的痛苦。

我们以前就在这条路上走过，有希望的事情大概是每次返程所需的时间（重新整合的时间）都更少。在这种病例中，向病人指出分裂并不会加强分裂。问题在于，当信息能够被收到时，如何处理病人的自我。

关于那部电影的特别的联想让我看到，Umberto 的心灵开始呈现出某种运作方式，因此可能开始容纳一种悲伤的元素，因为这部电影虽然展示了一种田园诗般的融合，但以悲剧告终。

我特别想强调的是，Umberto 是如何通过分析，逐渐获得对内在表征的了解，并用更加统一的方式修通他功能运作的方法。

在他的内心深处有一只鬣狗，神经症性拘谨的教师 Umberto 不应该不承认这一事实。这只鬣狗在“小 Umberto”中有一个先驱，这个先驱因为被抛弃和虚弱而被湮灭，而这最初的样貌在我们的工作过程中被认识到和恢复。

值得注意的是，在这种情况下，我们不应该为了拯救主体的统一性，而把我们自己限制在矛盾心理的概念中。这个主体在时间或结构上不是单一的，甚至在我们分析师赋予这个概念的、被部分接受的（例如，在克莱因学派的意义上，这个主体抑郁地接受痛苦的现实）和相对的意义上也不能形成单一主体。

压抑使他周期性地处于黑暗之中，他心中的火山像在沸腾。在神经症模式占主导地位的阶段，对焦虑的压抑，和对充满破坏力、怨恨的攻击性的压抑把他变成了一只宠物狗，被拴在一条链子上。拴狗的链子与其说是一种迫害性的超我（“如果他们发现了我，他们会怎么对我？”）或一种修复性抑郁的态度（“我造成了多少痛苦啊！”），不如说是一种理想的社会性超我（“如果社会的讨伐砸向我，我会感到多么害怕！”）。

接下来的短暂精神病性紊乱会使他在此过程中降为亚神志不清的幼虫状态，被麻醉，所有的责任都被免除。

当压抑停止时，他脆弱而有需要的自体被分裂和投射到他者身上，就会出现“鬣狗”，它满载报复性的仇恨，决心通过施虐地支配客体，来恢复自恋和全能。毫无疑问，鬣狗是一系列精神病性分裂的结果。病人随后把它们藏起来，并试图用蝴蝶结和丝带把它们打扮成贵宾犬来否认它们的本质，这些都是神经症性的举动。

分析工作的目的是让病人再次接触到他自己的痛苦（通过逐渐停用倒错的防御）、再次接触到他的记忆（通过停用神经症性防御）和再次接触到他的思想（通过停用精神病性防御）。压抑、分裂和投射被组织起来，在病人内部有效地交替运作。分析师必须向病人指出，这些元素的交替绝不是随机的。为了做到这一点，分析师必须在某种程度上“进入”体验。

此外，在我与 Umberto 的分析工作中，我也被某种“浑然天成”震撼。我们的精神“同居”带来了不断增长的经验知识，这使我能够考虑各种不同的防御，特别是当我决定以某种方式干预的时候。干预措施应具有明确的针对性，不能简单化。一旦通过了快速和阶段性的幼虫期，病人采取的形式似乎不再像鬣狗，而更像一只小狗。这里我把这些都概念化地表述出来，但我是通过我们共享的体验知道并感受到它。

重述要点

1. 压抑会产生严重的、可察觉的症状性后果（焦虑、压力、恐怖症、强迫症等），还会出现一种倾向，产生代表着矛盾元素的梦。自体的继承物并没有被分离开并投射出去。

在分析中，Roberta 在工作中暴露出移情神经症，在我这里也引出了类似于她对父亲使用过的防御性分裂。

但她无法逃避内心的发展和幻想冲动，这些都与她女性的一面被压抑的欲望有关，这使她无比焦虑。她生活在冲突带来的疲劳和经济损失中（她不能一直用男性身份认同来替代冲突），她就做了前面提到的那种梦。

用我的行话来说，她“带着装满（症状学的、幻梦的、经济学的）行李的手提包旅行”，在潜意识动力中处于一种越来越危险的压抑状态，自体的继承物既没有被投射到遥远的宇宙中，甚至也没有被分离开。

在第一阶段，Umberto 是一个在压力下抑制的老师，他有症状，有时会报告他的梦。

2. 当严重的垂直分裂开始发挥作用（相当于解离，是精神分析的而不是现象学意义上的）时，它“分隔开体验”（Gabbard，1994）。

心理的功能和内容倾向于将自己排列成一系列平行的“意识”，就像鬣狗 Umberto 一样，迅速理想化，形成邪恶的无冲突状态。在这种分裂状态下，主体放弃了部分自体的“负担”，就像蜥蜴丢掉尾巴，以便更快地跑到安全的地方。

处于这种被分隔开和贫瘠状态的病人往往不会表现出任何症状，也不会感到压力或疲劳，因为他避免将精力消耗在冲突上，并将感受自体内部部分的责任投射性地委托给他人，如果可能的话，还会委托他人感受自体内部的表征。

这种情况下，病人的表现通常比较简单，做梦也比较少。正如 Bion（1959）所提出的理论，他们使用投射性认同而不是压抑，将潜意识产生的自体和客体的碎片，以一种幻觉的方式置于外部世界，而不是在梦中表征。

因此，分析师通过反移情体验感受到了病人交替使用的和占主导地位的压抑和/或分裂，这可能会也可能不会发展成共情。

于是，Umberto，这个压抑的老师，呈现了一种被压抑的、未被表达的，至少部分伪装和虚假的主体性，他和他的压力、他的口误、他的神经症症状，在我心中唤起了一种不可避免的悬疑和期待的感觉。

后来，这位病人让我体验到强烈的感情，悲伤、焦虑、怜悯、生气和愤慨，在他是一个“恶魔般的孩子”的时候，他把自己的这些情感从他有感知能力的自体上分裂出来，排泄到我这里，把他有感知能力的自体投射到我身上，此时我作为他的超我。

但在其他时候，当这个人重新整合时，我自然会有一种共享和尊重他的痛苦的本能感觉。我对痛苦根源的倾听，伴随着一种自发的兴趣，这种兴趣在我内心生长，而不仅仅是遵循分析技巧的指示。

如果我贸然与预先确定的他的精神生活水平或优先的内部结构“共情”；或者如果我没有和他精神同居了一个漫长的时期，并在这个时期和他共享许多体验，但也保持一种分离感和我的内部结构；如果我受训不足，未能拥有感知、认识、表征复杂精神世界（例如，神经症、精神病和相对健康的水平在其特定的存在和功能上的交替）的手段，那么即使在有限的范围内，我也不能够理解和治疗这个病人。

在这一点上，我觉得我可以声明精神分析的共情（至少）比许多思想家让我们相信的抽象概念要复杂得多。

结论

如果精神分析的先驱们担心分析师的情绪会以系统方式干扰治疗过程的恰当发展（这是一个现实的假设，因为那时他们正踏入一项新技能的领域，充满不确定和未知），那么经过一个世纪的科学学习和反思，我们能够更自由地进行分析工作，更少地诉诸防御性的情感隔离或分裂的易感性。这恰恰是因为我们更清楚地意识到分析关系和我们内部构成的复杂性这一事实。

对于门外汉来说，这可能也是一个悖论。然而，谨慎、更多的理解和对其复杂性的尊重可以增强对自身领悟力的信心，在其中，情感既是一种探索的手段，也是整体图景的重要组成部分。

从本质上讲，我们既不能忽视情感，也不能认为它们具有包罗万象的神奇功能。

自我的分裂与虚拟现实

胡里奥·莫雷诺（Julio Moreno）[1]

1

最好先分开讨论“自我的分裂”和“虚拟现实”（virtual reality）两个概念，因为它们不仅产生于不同的语境，也指代不同的现象。然后我会考虑它们的关系。

“自我的分裂”是 Freud 理论中出现很晚的一个概念。他在 1938 年（此时他已去世）出版的文章中承认，很晚才把这一概念纳入他的理论可能是一个错误。“在我们看来（分裂和拒认的）整个过程好像如此奇怪，因为我们理所当然地认为自我过程具有统合的本质。但在这一点上我们显然错了。自我的统合功能，虽然极其重要，但受到特殊条件的制约，容易受到各种干扰的影响。”（Freud，1940e［1938］）[276]

我的理解是，“错误”在这里可能指的是这样一个事实，即在他的理论开端，Freud 在某种程度上激烈地捍卫自我的合一性（oneness）的概念，而反对自我的多重性。19 世纪末，对精神病理学的研究（如 Janet、Binet 和

[1] Julio Moreno 在 1970—1974 年期间是加利福尼亚大学洛杉矶分校（UCLA）国家卫生研究院的博士后研究员，目前是布宜诺斯艾利斯精神分析协会的正式成员和培训分析师，以及儿童和青少年分析师。他在 2003—2005 年间担任 APdeBA 的科学秘书，现在是 APdeBA 研究院的教授。他发表了大量论文，最近还出版了一本关于精神分析和人性的书《人类》（*Ser Humana*）。

Breuer 的研究）充满了诸如“分裂人格”“双重意识”和“独立的精神群组”等术语。例如， Janet 认为，精神分裂成不同的关联群组，是失整合的精神世界的二次重组，而这种失整合源于初级关联的脆弱性（Laplanche et al.，1967）。

Freud 反对这种“关联的脆弱性”，他下注在自我关联的强大力量，这种力量使它不可分割，也使它具有非凡的统合能力。因此，面对源于驱力世界或外部世界的令人不安的侵入可能引起的不一致，Freud 设想了一个由于其“防御”而看起来一致的自我。这一观点成为他早期理论发展的支柱。

由自我构思的“现实”，是通过一个一致的、坚实的表征群组——自我的表征集——产生的。当被压抑的潜意识元素重返意识，或者像在精神病中发生的那样，一部分曾被自我简单驱逐的、未被表征的“外部现实”重返意识，这些入侵都会造成冲突。

因此，自我的世界在某种程度上是对外部世界“封闭”的。这并不意味着它不受“外部”发生的事情或驱力出现的影响。相反，如果“事物”扰乱了阐述自我表征的关联逻辑，那么这些“成员”被快速封闭，使这些根本性的差异不会破坏同质表征集。

这些想法受到了这样一个事实的影响，正如我已经提到的，Freud 的癔症的概念诞生于那些反对自我分裂是这种疾病的原因的理论。 Freud 反对这种观点，并以潜移默化的方式发展一种自我理论，认为自我本质上是一致的，具有统合能力，没有矛盾。如果这些最终出现（要么是由于感知到环境中“某些东西”的干扰，要么是由于被压抑的内容重返意识），冲突就会发展。通过防御来阐述两个交战的派系——这与分裂非常不同。面对冲突，自我可能会产生某种症状，使冲突显露出来，并以某种方式“缝合”其令人不安的影响。

2

Freud 的理论（至少在第一个话题中）只考虑唯一一种分裂，即意识和由于原始压抑而产生的潜意识之间的分裂，这使该理论变得更加强大。

正如Freud自己所说的那样，他“迟延”地承认了自我能够通过产生一种非同寻常的情况来避免不愉快或恐怖感受的影响——自我分裂为两部分，彼此既不相互影响，也不形成混合的形式。他基于三个概念发展了这些想法——恋物癖、拒认和自我的分裂。例如，在恋物癖（1927e）中，防御过程不会导致当前不同态度之间形成妥协。相反的观点是同时被坚持的，而不发展它们之间的辩证关系。这就是为什么恋物癖者不认为恋物癖是一种症状或异常。在这篇文章中Freud所描述的恋物癖的意义和目的总是一样的：取代了孩子们曾经相信存在的女人的阴茎。恋物癖者拒绝放弃他们的信念，因为认识到女人缺少阴茎就意味着阉割的可能性是存在的。因此，孩子们坚信女人有阳具，但同时——这是新奇和不寻常的——他们已经抛弃了这个信念。

Freud的术语中已经有了一个让表征或情感从意识中消失的词——“压抑”（*Verdrängung*）。然而，现在，Freud希望把它与“拒认”（*Verleugnung*）区别开来。拒认某种感知之后，它的痕迹并没有完全消失。要坚持不懈，必须付出巨大的努力才能使他们保持分裂的状态。

自从他对恋物癖的研究之后，Freud似乎开始接受这样一种观点，即自我的分裂是面对恐怖事件时另一种可能的手段。恐怖的原因似乎不再一定是母亲缺乏阴茎，特别是在1927年之后。例如，他提到两个在2岁和10岁时失去了父亲的孩子的案例。尽管他们“回避”了丧失，但都没有变成精神病。 Freud说，他们心智的一个部分并不承认父亲的死，而另外一部分承认父亲的死，两者“并排”地存在于自我之中。这给我们留下的印象是它似乎没有那么接近他全部作品的尾声，Freud会遵循这种思路，从而使他的理论更加复杂。

在他的论文《精神分析纲要》中，Freud将分裂这一概念整合进他复杂的精神病理学理论的倾向变得更加明显。在那篇文章中他说，甚至“在他们（精神病病人）心智中的某个角落（如他们所说），隐藏着一个正常人，他像一个超然的旁观者，看着疾病的核心从他身边经过”（1940a [1938]）[202]。他说，在所有这些案例中，都形成了两种精神态度。那个正常人将现实放入考量；另一个，在驱力的影响下，通过分裂精神世界（psychic split），把自我和现实分开。

这一系列分裂概念的出现，最终形成了 Freud 死后出版的著作《防御过程中自我的分裂》。让我们想象一下，Freud 说，儿童受到强大驱力的影响，他习惯于满足这种愿望，他突然被一种严重的、真正的威胁吓倒，如果他继续以同样的方式获得满足，这种威胁就会成真。因此，儿童面临着选择，要么承认这一危险并放弃获得满足，要么拒认现实并说服自己没有理由害怕这一危险。这样，他就能继续满足自己。但是，儿童还可以两条路都不选，或者同时选择这两条路。一方面，他拒绝现实，不接受禁令；另一方面，他承认威胁，将其视为病理症状，并试图摆脱恐惧。然而，这种行为有个代价——产生一个永远不会被治愈的自我的裂缝，并且会随着时间的推移被反复撕开。

Freud 在这里已经谈到了两个独立的逻辑；两条同时存在的路径，就像 Borges 的《小径分岔的花园》（*The Garden of Forking Paths*）（1941）中所描述的一样，既不相互干扰，也不相互作用。诚然，要遵循这种新奇的逻辑，我们至少应该部分地放弃冲突辩证法的中心思想，这种辩证法的基础是对抗，这种对抗导致中介结构的形成，这是关联过程的典型特征，也是精神分析所熟悉的。

3

我们应该在一个新的世界观——所谓的后现代性——中审视虚拟现实的概念，或者像 Bauman（2000）和 Lewkowicz（2004）那样将其命名为液态现代性（liquid modernity）。在我看来，后一种标签似乎特别幸运，因为它将两种类型的现代性之间的差异等同于物质的两种状态——液态和固态——之间的差异。

中世纪的前现代性认为，给定的世界已经拥有它应该拥有的一切，因此没有什么必须改变。相反，现代性的典型和反复出现的特征是既定秩序的解体。成为“现代的”意味着不能停止，总是在寻找一个新的设计方案，这是对现存方案的批判。从这个意义上说，西方在过去五个世纪里一直是现代的。然而，在过去的四十年里，事情发生了戏剧性的转变——变化的步伐加快了，而且这种加速及其后果以一种惊人的方式不断升级。

在固态现代性（solid modernity）中——当精神分析被创造时——我们可能会相信，既定的知识将允许我们消除流动性、连贯性和不一致性这些偶然性因素所造成的干扰。然而，这一观点已变得越来越难以坚持。权威机构（曾经在固态现代性时代给出明确的既定知识）现在根本不能保证这一点。与虚拟现实和液态性相关的现象的盛行，使理性（logos）和支持固态性统治（和精神分析的创建）的狂热理性（rationality）难以维持。

社会变革总是与随之而来的交流方式的变化联系在一起。因此，我们目睹了即时消息传送工具（例如，聊天软件）的迅速发展，这是一种通过互联网实现越来越多用户之间的书面和即时通信的计算机应用。在这种方式下，"个体——作为一个孤岛——与世界之间从本质上是分离的"这一理念正在消失。通过互联网 2.0，人与人之间的交流信息通过新出现的、可访问的"社交网络"进行传播。

也许这并不奇怪，Freud 的第一个理论——假设自我是同质性的——是在固态现代性的高点形成的，那时与我们今天的经验相比，事件是相当可预测的。这是一个固态自我，没有异质的一面。它所面对的是相对不变和一致的、可确定的现实。

现在让我比较一下一致的和统一的 Freud 早期自我与受到虚拟现实影响的自我之间的关系，这是一方面，另一方面是经典电影与当代后胶片（post-film）和剪辑短片之间的相似关系，即产生于屏幕的两种信息处理方式之间的对比。直到最近，胶片影像以一帧接一帧的方式来管理电影的持续过程。电影要求其序列得到承认和尊重。每一个序列都必须持续足够长的时间来完成一个没有被立即耗尽的意义，它总是可以在以后被恢复，并且在整个电影中被理解。经典电影节奏很慢。它的叙事材料是在延续的时间顺序中发展起来的。因此，电影（就像我们一直在讨论的自我）构成了一个封闭的和有支配权的总和，其中被清晰表达的序列形成了"情节"。

正如 Betriz Sarlo（2000）指出的那样，在后胶片和剪辑短片时代的情况是截然不同的。有先后序列的时间已不再是一个关键因素。剪辑短片感兴趣的不是序列的持续时间，而是它们的累积。仿佛是服从即时话语的命令，这些话语一定是极其简短的。我们在这里讨论的是影响巨大的话语，它建立在一个图像快速取代前一个被淘汰的图像之上。图像①必须被图像②擦除，而图像②又将在图像③出现时消失，以此类推。

剪辑短片和广告短片的艺术要求前面的图像弱化、叠加，并被压缩，以便留出空间给后面的。换句话说，这个例子展现了液态介质所要求的陈旧性（obsoleteness），以迎接必然会到来的东西❶。

4

今天我们知道，完全掌握我们的世界和我们的动物本能——这些现代抱负只是一种幻觉。尽管如此，技术上的变革成功地产生了没有物质性的现实，其中观察到的客体是纯粹的人工制品，导致了可以对真实客体完全驾驭的乌托邦。这些模拟像（simulacra）模糊了主体和客体之间的差别，改变了我们居住的空间。它们被赋予"虚拟现实"这样一个矛盾的名称，摆脱了科学与虚构、客观性与主观性、真相与幻觉之间的经典划分。虚拟现实超出了这种分类，因为它的影像就是它们所代表的东西。

虚拟现实，呈现了现实与真实之间本质异质性的最小统一，终极原因是表征与被表征物之间的彻底脱节。如果这个空间崩塌了，我们将能够捕捉到真实——或者说如果虚拟性吸引了完美的需求，我们将融化成一个静止的白炽点。相对地，如果这个空间扩展到某种程度，以至于真实不再影响我们，并且我们保持不受不一致情况的影响，我们就会像只有扁平历史的机器人一样。

相反，人类的特点是，我们以我们的不完美掌握周围世界。我们的每一步都留下了不可逆转地指引我们未来方向的痕迹。

---

❶ Betriz Sarlo（2000）表示，"观众可以像用雨刷擦拭一样，用眼皮逐渐抹去影像，因为他们知道图像仍在，这确保了对被剪辑语法（syntax）无限分割的内容，观众仍保持连续性的错觉"。

“现实”是由感知和表征之间的一致性决定的，也就是说，由自我对“事物应该是怎样”的期待决定的。到目前为止，我们没有能力在没有符号、表征和期待的调解下与世界接触。如果符号不能调解瞬时性，那么激进和残酷的新奇事物不仅仅是我们无法接触到的，它将使我们精神错乱。无论如何，虚拟现实的目的是让我们摆脱关联的旅程，并实现由不同于关联逻辑的逻辑（即瞬时逻辑）所控制的连接性（Moreno，2002）。

我想在这里强调的是，将表征与被表征物结合和分离的这一基本空隙的易变性。通过现实与真实之间半开的窗口，混沌可能会在某种程度上入侵我们关于世界的有序、可预测和虚幻的概念。如果这种入侵是最小的，它可能使我们接触到激进的新奇事物。也许这并不是巧合，正是这个缺口容纳了以技术模拟像能力虚拟地产生的现实，即虚拟现实。虚拟现实这个名称于 1989 年问世，它具有广泛的含义，并引发了与仿真、超现实、信息技术和后现代主义（如多重现实的存在）的影响以及互联网 2.0 所带来的集体思维的影响相关的主题。

正如我们所见，在表征和由虚拟现实所影响的被表征物之间的空间的封闭性，并不像现代梦中那样，通过对真实事物的象征性记录而产生。相反，它是通过一个模拟像来产生的，它包括一个既不真实也不虚幻的“现实”——虚拟现实的创造。它的图像不代表某个东西；它们就是那个。我要强调的是，一个虚拟现实并不排除同时存在的、与其他虚拟现实之间的连接。同样地，一个电视频道或一个互联网“站点”不会干扰同时存在的，数百、数千或数百万蜂拥而至、无处不在的频道或“站点”之间的连接。虚拟现实具有这样的潜力，它能够呈现和提供自己，用于网上冲浪，以确保每个人的主体化，而不会干扰其他“现实”。因此，在某种程度上，“一个”可能是“许多”。自我面对多种多样的现实，多重性盛行❶。这就是虚拟现实通常引起人们关注的原因之一。它的成功可能意味着挫败感的消失，和表征与被表征物之间空间的崩塌——而这正是我们所知的心理发展的驱动力。

---

❶ 因此，虚拟现实迫使我们面对一个关键的问题：一个客体的表征是否包含了它所呈现的东西的影响？这个问题与下面的问题相呼应：关于这个客体（在“实体”的意义上）及其对我们的影响，是否有什么东西不能归入它所包含的信息中？或者，“存在”等同于“信息”吗？或者，原子可以简化为比特吗？

关于虚拟现实对我们文化的影响，我们必须提出一个紧迫的问题：它是不是人类成长的僵局、对创造力的致命打击，和一种去主体化？还是我们正面临一种新形式的创造力、主体性和成长？正如 Jean Baudrillard（1995）所认为的，我们是不是又回到了我们类人猿祖先的过去？或者我们的思想正在扩展，就像 Andy Clark（2000）[4]所说的那样，“人类的认知……同时在头部之内和之外涌动”？新的信息技术是否旨在改变我们的现实和我们与自然环境的接触，并破坏自古希腊以来历史遗留给我们的文化原则？或者，我们是否将面临一个不同的现实，因为我们过去缺少恰当的技术工具，而无法接触这种现实？

我们既不应该慌乱，也不应该陷入肆无忌惮的技术迷恋症或全盘否定的技术恐惧症。也许我们还无法评估这些转变的成本和好处。正如他们所说，与当前技术革命相关的变化才刚刚开始，在这个过程的第一阶段，很难区分一个变革事件和一个迫在眉睫的灾难。当今对精神分析或艺术而言，主体性意义的产生至关重要，也许在 2050 年的世界它将没什么用处。也许到那时，人类已经放弃了“成为一个人”的现代理想。存在的方式、主体性和自我可能与多样性更紧密地联系在一起。也许不久之后，所有人类的努力都会受到同样的影响，就像深受技术影响的创作领域一样，这些领域避开了众所周知的人为因素。固态现代性颂扬和珍视人的因素，但现有技术的所有努力都是为了消除它。

更重要的是，互联网 2.0——2004 年前后出现的网络应用的新趋势——的两个基本特征，清楚地说明了现代作品（即使那些作品是在最大程度上构想现代英雄）和当今计算机现实的创造之间的戏剧性对比。首先，后者作品的增长、有效性和改进越来越多地同样依赖于由新型社交网络召唤的参与者的数量。第二，自从计算机作品被创造出来，就有一种固有的属性，即它们的陈旧性。

我们可能正在见证一个时代的终结，在这个时代长大的主体，自然地持有世界末日的观点。的确，像我们所处的这样的危机时期，随之而来的可能是灾难。然而，激进的新事物可能随之而来，正如我们所知，它们的出现总是扰乱既定的秩序。尽管如此，我们的努力应该是为了尽可能地预测我们所生活的现实。即使它看起来是敌意的，但从长远来看，这一现实可能是有益的。在这里，我们应该被 Wittgenstein（1953）的话启迪："世界正如所发生的那样，而最坏的情况是认为正在发生的事情是一个错误。"

2004 年， Prensky 在媒体用户之间建立了一种吸引人的划分，即数字原住民（出生于这项技术出现后）和数字移民（那些不是原住民的，后来才接触这项技术的人）。我想加上第三个类别：数字文盲。今天这三个群体在重叠的世界中共存。对原住民来说，权力在于分享知识，他们不关心理解、关联或与现实各种存在方式的整合。相比之下，移民仍然认为权力在于知识，关联、整合是必要的；而文盲仍然对正在发生的事情感到震惊。

5

媒体声称，在这个时代，个人对自己成为什么样的人负有责任。不再有"给定"的分类格子去居住或占据。因此，去"成为"他/她，似乎是每个人的任务。不稳定盛行，伴随着一种全能的感觉，这种感觉迫使男男女女不断运动，但注定无法"完成"。在某种程度上，身份认同（包括性别身份认同）被认为是个体的创造。这是一个人扮演角色的结果，或者是——似乎是同一件事——一个人想要成为的角色。例如，在网站"第二人生"（Second Life）的虚拟世界中，这是最重要的。

从孩子们出生的时候起，他们就必须准备好面对一个总是不确定的、液态的、新奇的和不断变化的未来，这意味着接受随时可能被淘汰（呈现陈旧性[1]）在这种背景下，一个多面的自我，我们甚至可以称之为"分裂的自我"，可能不仅是一种拒认痛苦现实的方法，而且是一种在液态环境中生存的方法。

也有关于正常-异常二分法的消息，用来支配性别、身份认同和主体性的问题（在"存在方式"的意义上）。这一常模既没有被废除，也没有变得没有必要——异性恋者以前是"正常的"，如果他们愿意的话，可以继续这

---

[1] 陈旧性是新奇呈现的一部分。我们在这里处理的是"此时"而不是"永远"。

样，并认为自己是正常的。只是创造出其他的点位，其他的分类格子，所以有许多常模——许多“正常”形式[1]。每个新点位都有一个与其他常模共存的常模。然而，“许多常模”一词本身就是一个矛盾。此外，没有什么能阻止我们同时遵守不同的常模。

就像在（Freud 时代的）现代儿童们那里，症状和神经症流行的倾向一样，在当今儿童中（可能在成人中也是），一种初始的但强大的分裂倾向出现了。这种分裂可能发生在媒体和社会提供的多种现实之间，和/或面临困难情境或恐怖的情况下，正如 Freud 所解释的那样。

此外，独特个性——现代性传记作品中孤独和进步的英雄形象——当今消失在匿名作者和读者的混合中，在每一瞬间他们共同运作。这可以通过很多方面被感受到：博客、摄影日志，或者，在互联网之外还有广泛流行的持续入侵的街头涂鸦。

此外，面对挫折和冲突，当今的儿童和成人越来越多地求助于分裂而不是压抑，求助于见诸行动而不是表征。在电影和电视节目中，以同样的方式，被偏爱的是即刻的和交替的呈现方式——第二个抹除了前一个的痕迹；而不是线性的和有联结的叙述，在这种叙述中，后面的内容补充或实现以前内容的意义[2]。

一个正在传播的新思想是群体智能（collective intelligence），它以快餐媒体的名义在所谓的行星网络 2.0（Planet Web 2.0） （Cobo Romaniz et al.，2007）中全面出现。这一概念以引人注目的方式发展，各种各样的概念和出版物都提到了它。例如， Berners-Lee （1999，2005） 提出了交互创造性（intercreativity）； Lévy（1997）提出群体智能；Rheingold（2002）提出聪明的大众（smart mobs）；还有 Surowiecki（2004）提出众人的智慧（the wisdom of crowds）。认为这种趋势只归因于新技术的出现是错误的。 Cobo Romaní 和 Pardo Kuklinski（2007）声称，互联网 2.0 首先是一

[1] 至于性身份认同，一个人可以是正常的异性恋、同性恋、变性人、异装癖者、双性恋、都市美男等等。

[2] 这种散漫的模式改变了我们对单调、线性和时间顺序叙述的“注意能力”，这些叙述组织了古典教育学，并可能与所谓的注意力缺陷障碍（ADD 和 ADHD）的流行有关。

种喜爱社交网络的态度。没有裂缝或不同面向的固态和同质结构（如前-分裂时期的弗洛伊德学派的自我）可能成为面对我们居住的世界的障碍。

所有这些都给我们留下了更多的期望和问题，而不是确定的答案。当然，这是一个很有意思的问题，我也希望看到答案：调节人们互动的话语所强加的这些模式，与当代精神病理学之间的联系是什么？如果存在这种联系，这种话语和精神病理学是如何相互改变的？

Freud 在 1927 年提出的，一种作为对恐怖“现实”的防御形式的自我分裂，是否与今天虚拟现实话语所强加的多面向（manifold sides）相互作用，或者它们是否使之变得更加复杂？

即使我们保持神经症、倒错和精神病之间的区别（迄今为止我们对此做了很多研究），也许我们应该尝试理解它们是如何受到多重现实、瞬时性和虚拟现实相关的现象的影响。以我个人（我在此强调“个人”，以便给出视角）来看，我认为我们应该根据这些新的“现实”来修正经典的精神分析假设（也许从 Freud 的假设开始）。尽管它们可能是哗众取宠的，但它们肯定狠狠“咬住”了我们有机会进入的生活的现实，因为它们必然会对自我产生影响。

"分裂/创伤"配对：费伦茨与创伤概念[1]

蒂里·博卡诺夫斯基（Thierry Bokanowski）

> 如果在分析的情况下，病人感到受伤、失望或陷入困境，他有时会开始像一个孤独的孩子那样独自玩耍。人们一定会有一种印象，认为被遗弃会导致人格的分裂。这个人的一部分在与其他部分的关系中扮演父亲或者母亲的角色，从而抵消了曾经被遗弃的事实。在这样的互动中……我们瞥见了心理空间中我所说的"自我的自恋性分裂"的过程。
>
> Ferenczi（1931）[475-476]

Sándor Ferenczi［桑多尔·费伦茨（1873—1933）］贡献的许多观点对精神分析语料库的构建产生了显著影响，其中最重要的莫过于他在1927年至1933年间逐渐发展出的对创伤元心理学的探索。这些观点不仅领先于他们的时代，直到今天看来也仍然非常现代。他提出的假说，主要是对创伤性诱惑（traumatic seduction）（这从一开始就是Freud工作的一个特征）概念的重新阐述，使我们有可能明确创伤的临床性质及其在分裂（特别是前面引文中他所说的"自我的自恋性分裂"）成为主要防御方式时对心灵的结构性影响。

Ferenczi的建议成为精神分析思维的分水岭。他是第一批尝试解释精神分析师在治疗"复杂"病例（比如边缘或非神经症患者）的日常工作中遇到

[1] 由David Alcorn翻译。

的理论和实践问题的实践者之一。

众所周知，Ferenczi 提出的技术和元心理学的见解在他和 Freud 之间激起了一场痛苦的冲突——事实上，鉴于他的一些理论和实践概念，他们有重大的意见分歧（Bokanowski，1996）。从 1909 年到 1933 年，Ferenczi 先是 Freud 最有前途的学生，他最忠实的追随者，他的朋友，然后是他的知己。

同样，应该指出，Ferenczi 提出的思想似乎对 Freud 后来在他的《摩西与一神教》（*Moses and Monotheism*）* （1939a [1937-1939]）中表达的思想产生了重大影响。在那本书的《类比》（The Analogy）一章中，Freud 重新表述了创伤（trauma）的概念，并以 Ferenczi 最初提出的方式对其中许多概念进行了发展。

因此，为了评价 Ferenczi 贡献的重要性，并确定其对某些现代精神分析实践方式的影响，有必要总结从 Freud 发展创伤概念到 Ferenczi 提出自己观点的历史。

Freud 观点的简短总结

精神分析源于诱惑理论（seduction theory），在其初始阶段，将诱惑等同于外部客体带来的性创伤。对 Freud 而言，从精神分析语料库诞生之初（1890 年至 1897 年），他的病人神经症的病因就涉及过去的创伤经历。在他看来，创伤症（traumatism）** 是患者个人经历最重要的特征：那个可识别和可追溯的外部事件，由于它所激起的痛苦情绪而成为主观基础。随着勘探（回顾）和分析性干预（解释）工作的深入，其年代可以被进一步回

---

* 原著在后文中简称此书为 *Moses*，我们也据此简译为《摩西》。——译者注。

** traumatism 和 trauma 均可指创伤。traumatism 更强调创伤事件造成的心理影响、功能受损的状态，故本文中主要译为“创伤症”，有时根据上下文也译为“创伤”。本文作者在“Variations on the Concept of Traumatism”一文中建议将 traumatism 用来指代与次要过程有更大关系的创伤、不破坏客体关系或者本能趋力的结合，更接近于 Freud 诱惑理论中发展出来的性创伤。而 truama 指代在更原始阶段运作的现象，可能会危及自恋灌注，从而危及自我的组织本身。——译者注。

溯。从那时起，创伤的概念和创伤事件的理念成为 Freud 著作的一个标志：它们成为贯穿他的理论的显著特征之一——正如我所说，他在《摩西》（*Moses*）中专门用一章来提出对这个问题的总体看法。

然而，在《癔症研究》（Freud，1895d）与《摩西》中，对 Freud 早期发展出的创伤概念的本质、特征和心理功能运作的一般方法的阐述有显著不同。在最初阶段，创伤基本上被认为是性创伤，因此与诱惑理论（与现实和/或幻想的关系）密切相关；在我们现在所说的“20 世纪 20 年代的转折点” [即《超越快乐原则》（Beyond the Pleasure Principle），（Freud，1920g）] 之后，在 Freud 的心灵结构理论中，创伤成为精神装置的经济困境的象征性（隐喻）概念：创伤是“对刺激的保护屏障的突破”。

因此，婴儿式无助（*Hilflosigkeit*）是焦虑变得具有压倒性的情况的范式，在这种情况下，突出的焦虑不足以使自我保护自身免受这种大规模的破坏，无论源自内部还是外在。在这一点上，“创伤性的”（traumatic）与“创伤”（trauma）是与更广泛意义上的创伤症密切相关的概念（Bokanowski，2005）。

稍后，从《抑制、症状和焦虑》（Freud，1926d [1925]）开始，Freud 的新焦虑理论强调创伤和客体的丧失之间的联系。显而易见，在几十年的时间里，Freud 本人对自己提出的创伤概念元心理学做了大量发展（主要是从经济学视角），这些发展极大地扩展了这一特定理论领域。

Ferenczi 著作中的创伤概念：“分裂/创伤”配对

Ferenczi 从 1927 年开始，在对创伤症概念进行重大重塑的同时，加入了自己的思想发展，这为后来思考精神分析的某些方式奠定基础。

在“20 世纪 20 年代的转折点”之后，与 Freud 一样，Ferenczi 开始认识到强迫性重复的恶魔属性：对精神分析的理论和实践都是一个绊脚石，许多分析因它而陷入僵局甚至完全失败，一个著名的例子就是“狼人”（Wolf Man）（Freud，1918b [1914]）。

面对这一过程的临床后果，以及无法避免导致各种治疗僵局［停滞、僵持、负性治疗反应（negative therapeutic reaction）、无止境的分析等］的移情影响，精神分析师无法不自问：我们可以如何重新解决这些问题？如果可能，我们可以采取哪些具体步骤来应对这一过程？有什么方法可以避免吗？

为了解决这些问题，Ferenczi 引入了一些技术革新，修改设置[1]，这实际上把它置于“试验中”（Cahn，1983）。他建议把强迫性重复——这是叛逆和激情的移情情境的根源——的恶性影响解释为纯粹的重演，换言之，相当于童年创伤的再现。

对 Ferenczi 来说，创伤情境的元心理学复杂性不仅仅在于与儿童的性或幻想“诱惑”有关的创伤；创伤情境的元心理学是一种发生在婴儿期早期的创伤的结果，在某些案例中是在前语言期。因此，创伤的根源似乎与力比多的某些表现有关，他们所经历的过度和暴力的行为相当于过早的性兴奋。

Ferenczi 接着扩展了 Freud 当时所设想的诱惑理论，他向前迈进了一大步：他认为创伤性病因学是对婴儿进行精神强奸（psychic rape）的结果，这种对婴儿的精神强奸源于成人对儿童的情感或思想的否认（denial）或无效化（invalidation），或是源于成年人的语言是激情的，而儿童的语言是柔和的［言语混淆（confusion of tongues）］。这导致了一种自恋创伤的产生，这种创伤导致了自体自恋部分的分裂［“自体分裂”是 Ferenczi（1949）使用的术语］：一种“自体的自恋分裂”，自我完全瘫痪，精神生活本身窒息——心智的死亡痛苦。这些都是极度痛苦和绝望的状态。

这意味着，对 Ferenczi 来说，创伤是客体对痛苦情境没有（或一再没有）作出充分反应的结果。由于内化了一个有缺陷的原初客体，这种缺席使好自我被毁，心理痛苦延长——因此，每当情境引发这些感受复苏，这种原初痛苦感受就在整个生命中被重新激活。

---

[1] 在试图与“成人中的儿童”直接接触的过程中，Ferenczi 放弃了“主动技术”，提出了“放松”和“新宣泄”（neocatharsis）等技术创新。Freud 对此持相当大的怀疑态度，他认为这在理论上是一种倒退，甚至可能实际上是以“诱惑性的松弛”形式出现的偏差（Green，1990）。

除了婴儿的自恋和发展潜力严重受损这一事实外，对诸如投射和分裂等防御机制的暴力依赖可能变得如此根深蒂固，以致驱力相关经济的整个组织将受到严重破坏，象征形成的能力也将受到严重破坏。

在提出这些观点时，Ferenczi 试图强调一个事实，即创伤的本质必须以一种完全不同的方式来被看待和理解，因为它使人们对客体在痛苦情境中的反应产生了疑问。分析师在分析过程中的反应也必须被重新考虑，因为分析情境本身可能会强化最初创伤发生的方式❶。

Ferenczi 强调了在分析过程中，分析师某些无意识的反移情态度所带来的风险（特别是在“技术僵化”的情况下，或者当分析师表现得像受教育热情驱使的教师时）。他将因言语混淆而受到创伤的孩子和一个过去的创伤被重新唤醒甚至加剧｛由于分析师的“中立”［对 Ferenczi（1932）[8]来说，这实际上是“职业虚伪”］｝的病人作了类比。在 Ferenczi 看来，在分析过程中，将过去的创伤性事件带回到意识中重现，然后以一种仁慈的方式站在背后观察发生了什么——他认为这是“经典”技术所推荐的态度——在结构上等同于那些最初建立和维持原始创伤的过程。这些病人，就像兴奋的孩子——他们曾经是这样的兴奋的孩子——一样，感到失落，被淹没（在某种程度上是外在的，但主要是内在的）；他们不可能解脱，也不可能修通，抛弃自己，任由不可避免的命运摆布，同时又以“自我分裂”的方式从自己身上撤出。这种分裂形式的特别性和特殊性——自体的自恋性分裂——导致了自我部分的排泄（evacuation）/驱逐（expulsion）/外射（extrajection），结果如下：

• 自我的空洞部分被向攻击者的认同取代，从而维持与“痛苦的恐怖主义”类似的影响。

• 然后，被驱逐或被外射的部分变得无所不知、无所不能，失去了它全部的情感潜能。这可能会导致“聪明宝宝”（智力高度早熟但情感不成熟的孩子）的心理状态（Ferenczi，1931）。

---

❶ 创伤症与客体没有适当的反应或做出不适当的反应（旨在满足成人的欲望或克服儿童的痛苦），有很大关系。后来，其他分析师也追随 Ferenczi 在这一点上的脚步，尤其是 Winnicott。Klein 不太强调母亲反应的影响，而是更关注精神生活的内生来源。

对 Ferenczi 来说，创伤是一种自恋式的创伤症。它可以隐身于性（诱惑、阉割等的幻想），但它本质上指的是对客体的体验，不仅指实际发生的事情，而且指没有发生的事情，从而引起“无法理解的和不能忍受的痛苦”（Ferenczi，1931）[478]。这种痛苦的经历及其消极的潜在可能，强化了分裂，这反过来残酷地把从此不可能形成的客体关系转变成自恋关系（Fe-renczi，1949）。

自体的自恋分裂会带来一定的后果：

（1）它干扰了本能驱力（instinctual drive）的结合，在建立自恋的过程中产生了缺陷，并导致表征的重大缺陷（从而损害自我）。

（2）它在维持痛苦和绝望的同时产生“精神瘫痪”（一切都停滞不前），这与内化了有缺陷和不可靠的原初客体有关。

（3）它带来了一种原始的痛苦感，根据环境，可能会产生激情的移情感、移情性抑郁、负性治疗反应等，从而见证了破坏性是精神生活中的主导力量这一事实。

这些提议，不管它们有多创新，都意味着与 Freud 的冲突不可避免。在 Freud 看来，他们辟开了一条理论鸿沟，分界线是对童年心理创伤的理解。依据 Freud 的观点，Ferenczi 认为强迫性重复是创伤情境的重演，而客体对此负有责任，意味着他低估了心理资源及其转化创伤和与之相关的精神痛苦的能力；换句话说，Freud 认为 Ferenczi 从这些临床发现中得出的治疗和技术结论是一种倒退（特别是对他在 1897 年前所著的《神经症》来说❶），因此与精神分析理论有明显的背离。

Freud 作为 Ferenczi 论文的“读者”

Ferenczi 死于 1933 年。 Freud 自 1926 年（《抑制、症状和焦虑》）之

❶ Freud 在 1897 年 9 月 21 日写给 Fliess 的信（No. 139）中写道：“现在我想立即告诉你们，在过去的几个月里，我慢慢领悟到的伟大秘密。我不再相信我的神经症。”（Freud，1985c [1887-1904]）[264]

后，直至 Ferenczi 去世都没有再写过关于创伤的文章。之后他至少三次回到这个话题，这些论文被视为他的遗作：1937 年，《可终结与不可终结的分析》（*Analysis Terminable and Interminable*）（此文中，他研究了创伤参与神经症产生的过程和对此过程的影响）；1938 年，《精神分析纲要》（*Outline of Psycho-Analysis*）（该文中，他将阉割的威胁作为儿童生命中"最大的创伤"来考察，同时为未来发展提供了结构性维度）；1939 年，《摩西与一神教》中，他讨论了心理创伤在神经症发生中的作用，并首次提出了自己的创伤症概念及其与自恋议题的联系。在那篇论文中，Freud 指出，最初建立和组织心理功能❶的创伤性经历可能会导致"对自我的早期伤害"，并创造"自恋性改变"（1939a [1937-1939]）[74]，导致自我的分裂。

因此，我们有理由认为，Freud 不仅是 Ferenczi 作品的一个潜在读者，而是一个显而易见的读者。这可能与 Freud 经历的痛苦和充满冲突的哀伤过程有关——几年前，他的前追随者、病人、朋友和知己去世了，他最初拒绝接受当时看来过于草率甚至具有颠覆性的假设的技术后果。难道这就是 Ferenczi 自己所谓的丧失客体"内射"的一个例子吗？正如我们所看到的，Ferenczi 是第一个提出关于早期创伤效应引起分裂和自恋受损的临床和理论假说的人，Freud 在《摩西与一神教》中写关于早期创伤效应引起自恋性改变的内容时，似乎采纳了这一观点。

当 Freud（1939a [1937-1939]）[75] 在那篇论文中进一步讨论创伤可能带来积极和消极的两种影响时，这一假设似乎得到了证实。积极的影响具有结构化的维度，反过来促进重复、记忆和修通；消极的影响在心灵中形成了一个飞地（Freud 所说的"国中之国"），其中没有重复、记忆或修通的空间（"消极反应遵循相反的目标：没有任何被遗忘的创伤应该被记忆、被重复"），因此创伤的破坏性性质在这里是最重要的。毕竟，这比 Ferenczi 在他最后几篇文章（尤其是 1932 年 1 月—10 月的临床日记）中所讨论的，略多一点。

---

❶ "我们把那些早期经历过而后被遗忘的印象称为创伤，它们在神经症的病因学上非常受重视。"（Freud，1939a [1937-1939]）[72]

Ferenczi的“临床思维”

Ferenczi在以专注倾听患者中的高度原创性和创造性的方式为基础，继续发展了一种完全创新的临床思维[1]模式，重点关注如何通过精神分析来治疗被描述为“困难”的复杂和异质状态。在这些多重的、不明确的状态中，我们修正自我、缺陷的符号形成以及由原始爱恨的变迁所引起的思维障碍，这让人对原初场景模式和经典俄狄浦斯情结之间的关系产生了疑问。

这种临床思考是Ferenczi的《日记》（*Diary*）（1932）和随后的《笔记与片段》（*Notes and Fragments*）（1949）的核心。在这些纯属私人性质的非凡论文中，Ferenczi每天都完全诚实和开放地记录自己的印象；他描述了他作为一名临床医生面对困难和僵局时常出现的痛苦体验，而这些困难和僵局是持续的分析治疗的一部分。由于治疗是他心目中的首要任务，他试图尽可能准确地识别在治疗这些边缘患者期间发生的僵局情况的反移情和技术反应。在他看来，从经济和结构上讲，与过程有关的缺失是创伤（或者说分裂）的次要影响。这可能会因为所涉及的痛苦而导致自我支离破碎，并导致精神生活的死亡之痛。

因此，Ferenczi是研究这些边缘病例的真正先驱；即使在今天，他的临床思维仍然以惊人的现代方式震撼着我们，因为它为那些在当代精神分析领域留下印记的实践者们的重大发展奠定了基础。我这里尤其是指Melanie Klein（Ferenczi是她的首任分析师）和D. W. Winnicott[2]。

---

[1] 我借用了André Green（2002）的术语“临床思维”。

[2] Winnicott对Ferenczi理论的承继隐含在《温尼科特论温尼科特》（D. W. W. on D. W. W.）（这是他在1967年1月给1952俱乐部的演讲记录）中：“我从来不知道我在看Ferenczi的文字（例如他对Freud作品的脚注）的时候得到了什么。”（Winnicott，1967）[579]

分裂、破碎和疼痛

在他的《临床日记》(*Clinical Diary*)一开始，在1932年1月12日的一篇关于一名女性患者(姓名首字母缩写是R. N.)的记录中，Ferenczi讨论了分裂过程，并试图从创伤地理学角度勾勒其元心理特征❶。

在她的童年和青春前期，Ferenczi的病人曾三次遭受性侵犯(诱奸和强奸)。这些创伤对她心灵的影响是“精神生活的完全原子化”和她人格的“粉碎”，被Ferenczi(1932)[10]描述为“粉碎成原子”。对Ferenczi而言，反复分裂造成的碎片化的一个结果是建立“一种人工心灵，其目的是使身体被强制复活”，根据分析过程中出现的临床资料，Ferenczi拟订了一份描述性清单，列出了患者在青春期之前，每当她发现自己处于创伤状态时都会诉诸的分裂过程的后果:

• 在成年人体内，一个“被诱惑”的孩子被固着下来。当病人感到兴奋和被驱力冲动淹没时，她就会反向贯注，并通过进入一种准癔症样的“梦行性恍惚状态”来保护自己。“只有在很困难时……分析师才可以接触到这一部分：纯粹的、压抑的影响”。正如Ferenczi所写，“其行为举止就像一个晕倒的孩子，自身全无知觉，可能只会呻吟，必须在精神上，有时也需要在身体上摇醒他们”。

• 反复的碎片化创造了一个“人格的无灵魂部分”，一个“逐渐地剥离了灵魂的身体”，因为心灵已经失去了所有的活力，自体的感觉、经验和情感已经失效。

• 这种碎片化可能近乎精神生活的原子化，甚至是雾化❷。

Ferenczi(1932)[10]试图为这些临床数据设计一个整体结构描述，总结

---

❶ 虽然Freud已经意识到分裂在某些精神状态中(特别是在精神病和性倒错中)起了重要作用，但他当时还没有写出关于这一主题的开创性论文：《防御过程中自我的分裂》(Freud，1940e [1938])。

❷ Ferenczi对这些心智状态的描述将由Winnicott(1945)和Klein(1946)采纳并进一步发展为“未整合的自我”(unintegrated ego)、“自我失整合”(ego disintegration)和“支离破碎”(falling to pieces)等术语。

了以下这些不同形式的分裂的影响：

从现在起，从表面上看，“个体”由以下几个部分组成：①最上层，一个有能力的、活跃的人，有一个精确的，也许有点过于精确的，调节机制；② 在此背后，是一种不愿与生命有更多关系的存在；③在这个被谋杀的自我背后，是早先的精神痛苦的灰烬，每晚都被痛苦之火点燃；④这种痛苦本身是一种独立的情感，没有内容，无意识，是真实的人的遗骸。

对于 Ferenczi 来说，这些观察清楚地表明，分裂和碎片化使压抑短路，并产生了如此强烈的痛苦，以至于自我几乎处于痛苦之中（“被谋杀的自我”“痛苦之火”“夜夜复燃”）。结果 Ferenczi 看到婴儿记忆缺失是一种随分裂而来的现象，与创伤产生的冲击波有关。记忆中被排除在外的部分似乎是秘密存在的：从所有以神经症的方式表征的可能性中分离出来，无法被翻译成文字，它变成了躯体上的表现（癔症性出神状态）。这非常清楚地阐明了 Ferenczi 的病人是如何在两种模式——精神病性（所谓的“恍惚”是癔症性的）和非精神病性（“最上层的，一个有能力的、活跃的人”）——中发挥功能的。

分析的任务

一段时间后，也就是 1932 年 1 月 24 日，同一个病人促使 Ferenczi（1932）[19]思考分裂过程的内容：

分裂的自我的内容是什么？……分裂的自我的内容始终是：自然发展与自发性；对暴力与不公正的抗议；在面对主控时表现出的轻蔑的，也许是嘲笑与反讽的服从，但内心却知道暴力实际上没有取得任何成就。它只改变了某些客体性的东西，决策过程，而不是自我本身。满足自己的这一成就，这是一种比残酷的力量更强大、更聪明的感觉……

Ferenczi 描述了一个通过自恋分裂发展的“自愈”过程；这使一种自恋的建立成为可能，尽管这种自恋显然是保护性的，但可能变成“自大狂”，甚至是“恐怖的聪明”。 Ferenczi 后来用“聪明宝宝”的比喻来发展这个话题。

在描述了“思维过程的瘫痪”作为创伤的副作用之后，Ferenczi（1932）接着讨论了否认可能会强化压抑的观点。在 1932 年 2 月 21 日的另一份重要的笔记中，他讨论了分析师在处理造成创伤的现象和分裂时所做的工作，这份笔记的标题是“碎片化”：

心理上的优势：当某些联结被建立时，通过放弃这些联结，可以避免产生不快。分裂成两种人格，他们不想了解彼此，而是围绕着不同的本能冲动分组，避免主观冲突……分析的任务是解除这种分裂。

在这段摘录中，Ferenczi 再次强调了自体的精神病性和非精神病性部分的孪生功能如何起到保护自体免受焦虑、精神困扰和痛苦的作用。在他看来，分析师的角色（“分析的任务”）是“复苏”分裂的、“死寂”的部分，即使它可能正在冬眠，也会被“焦虑的痛苦”控制。他补充说，解除分裂是通过分析师对创伤事件进行“反思”的能力来实现的。

换言之，用更现代的精神分析词汇来表达，分析师的工作在于为患者提供想法和表征，通过言语表达，促进以一种新的方法来看待所涉及的影响，并可能提供一个新的机会来整合经验，这在最初是不可能的。从长远来看，可能有对那些受痛苦支配的领域进行重新象征化和重新处理的希望❶。

在剩下的讨论中，Ferenczi（1932）[40]得出了以下的过渡结论：

---

❶ 这与 Winnicott（1974）在论文《对崩解的恐惧》（Fear of Breakdown）中所描述的相似，他说：“对崩解的恐惧可以是对尚未体验过的过去事件的恐惧。”“在这种情况下，‘记住’的唯一方法是让患者在当下（在移情中）第一次经历过去的事情。”

这个问题还有待解决，是否存在一些案例：创伤性分裂复合体的重新统一是如此难以忍受，以至于它没有完全发生，病人保留了一些神经症性特征，甚至更深地沉入一种不存在或不希望存在的状态（*Nichtseinwollen*）。

这份摘录清楚地显示了 Ferenczi 非凡的临床敏锐度：他谈到了可能在患者的脑海和分析中整体起作用的负性因素对预后的重要性。

“原始创伤前瘢痕”：*Ururtrauma*

下一个要处理的问题是确定最初登记创伤和留下印记的心理轨迹。Ferenczi 在 1932 年 4 月 10 日的临床报告中阐明了这一点：

……问题是，是否不一定要在与母亲的原始关系中寻求原始创伤，某些已经被父亲的出现影响的较晚时期的创伤是否可以在没有原始创伤前（ururtraumatischen）的母子创伤瘢痕的情况下产生这样的影响？被爱，作为宇宙的中心，是婴儿的自然情感状态，因此它不是一种躁狂的表现，而是一个真实的现实。在爱中的第一次失望（断奶、调节排泄功能、以严厉的语气进行的第一次惩罚/威胁，甚至是打屁股），在任何情况下都必然会有创伤性的影响，也就是说，从一开始就会造成精神瘫痪。由此产生的失整合使新的心灵形态得以出现。特别是，可以假设分裂发生在该阶段。(1932)[83]

Ferenczi 那时已经清楚，与原初客体的关系失功能（dysfunctional）时，或者当客体不能充当一个容器和一个保护盾来抵御刺激时（Winnicott 后来将这些现象称为非促进性环境的典型环境失败），结果就是 *ururtraumatisch*。当客体本身在非常早期的阶段是过度诱惑的时（当客体不存在或过度存在时），就会发生这种情况。*Ururtrauma* 一词指的是符号形成和思维障碍，以及自我修正、原始暴力（原始的爱和恨的衍生物）和自体性欲障碍

（自体性欲的弱点和不足）的起源地（*locus*）。这些都为否认和分裂过程奠定了基础，他们是激情性移情、依附性抑郁（anaclitic depression）和负性治疗反应等现象的核心，所有这些都反映了正在发生的精神破坏的重要性。

结论

Ferenczi 是研究所谓的困难案例（边缘和非神经症状态）的真正先驱；他为其他分析人士提供了继续发展将“创伤”作为“原始创伤症”的“创伤性后果”的想法的依据——它们干扰了本能驱力的结合，在建立自恋的过程中产生了缺陷，这反过来又产生了表征上的重大缺陷。

因此，他提出的观点预示着，在随后的几十年里，这些观点将成为当代精神分析的基础。这里值得一提的几点特别重要：

• 早期客体关系、客体留下的印象以及总体环境所起的作用。

• 客体否认或不承认婴儿的情感和感受（情感失效），或未能对婴儿的痛苦作出反应，造成（原初和继发的）创伤性影响。

-对于一些分析中的患者，重要的是启动并发展一种初级关系（一种原始的共生关系），这将有助于更好地理解早期母子幻想。

-原始的爱和恨：恨比爱更易固着。

-“分裂/创伤”配对——“自恋分裂”是早期精神创伤（尤其是发生在语言习得之前的创伤）的结果：①思维过程和身体之间的分裂（身-心分裂）；②“自我的分裂”，这可能导致心智的碎片化；③当个人害怕从外部施加的某种约束或其他东西时，所采取的原始防御机制，如驱逐和排除——这就是一种不可估量的、无名的“精神痛苦”（绝望、痛苦），它导致了“痛苦的恐怖主义”。

所有这些概念的发展已为主流精神分析思想所普遍接受，并且是当代分析师在日常工作中所使用的理论和临床技能中不可缺少的一部分。

分裂和创伤：与后遗性和历史化的关系

路易斯·坎西珀（Luis Kancyper）❶

自我分裂的概念在精神分析理论中具有重要意义，它导致元心理学和临床实践的深刻重构。事实上，这个概念在 Freud 的著作中有不同的含义：一开始他以一种描述性的方式使用它，后来在他末期的文章中，它则是作为一种概念性工具。

Freud 使用“自我的分裂”作为一个特殊的描述性术语，以指出这样一个事实：精神装置被分为系统（潜意识、前意识和意识系统）和精神代理（psychic agency）（自我、本我和超我）；它也描述了当自我的一个方面观察而另一方面被观察时的情况。

此外，Freud 使用这个术语是为了指出个人爱的生活中两种不同的心流之间的分裂：感官流和深情流。“这些人的爱的整个领域仍然分为两个方向，在艺术中人格化为神圣的爱和世俗（或动物）的爱。他们对自己所爱的没有渴望，也不能去爱他们所渴望的。”（Freud，1912d）[183]

另一方面，Freud 将分裂的概念作为一种概念性工具，特别是在《恋物癖》（*Fetishism*）（1927e）、《精神分析纲要》（1940a［1938］）和《防御过程中自我的分裂》（1940e［1938］）等文章中。在这些文章中，他专门提到了自我的分裂，并在讨论一种高度具体的防御机制——拒认（disavowal）时，

---

❶ Luis Kancyper 是阿根廷精神分析协会的正式成员和督导，同时也是精神分析研究院的教授。他出版了几本关于不同主题的书籍，例如代际之间的对抗、手足情结、怨恨和悔恨以及对青少年的精神分析。他还专注于文学和精神分析的研究。

他暗示了自我的核心基于两种心理态度的共存（而非冲突），这两种态度产生于外部现实阻碍了本能的需求时，它们是：①把现实考虑在内；②拒认现实，并用欲望的产物代替它。

这两种态度在他们的一生中始终相伴而行，而不会相互影响。这就是所谓的自我的分裂。(Freud，1940a [1938])[203]

但是 Freud 谈到自我的分裂（系统内）而不是结构之间（自我和本我之间）的分裂，是为了提出一个比压抑和被压抑者的模型更新的过程。事实上，这一过程的一个特点是，它并不是在现有两种态度之间形成一种妥协，而是同时维持这两种态度，并不建立辩证的关系。(La planche et al.，1967)[429]

同年，Freud 在最后一部作品《摩西与一神教》（1939a [1937-1939]）中指出，创伤具有分裂和矛盾的性质，因为它们隐藏在自恋之墙后面（Freud，1916-1917），同时努力变得引人注目：

也就是说，它们具有很强的心理强度，同时表现出对其他心理过程组织的深远独立性，这些过程适应真实外部世界的要求，遵循逻辑思维的规律。它们（病理现象）没有受到外部现实的充分影响或者根本不受外部现实的影响，不注意外部现实或它的心理表征，因此很容易与两者形成积极的对抗。可以说，他们是国中之国，是不可接近的一方，与之合作是不可能的，但它可能成功地战胜所谓的正常部分，迫使其为自己服务。如果这种情况发生，它意味着内部心理现实对外部世界的现实的支配。(1939a [137-39])[76]

Freud（1940e [1938]）[275]在介绍自我分裂的概念时，不确定它“应该被视为早已熟悉和显而易见的东西，还是应该被视为全新的和令人费解的东西”。我的观点是，分裂的概念，无论是作为一个概念还是一个描述性术语，都导致元心理学和临床实践的重大重构。

事实上，我相信这个概念对于我们对创伤情境的元心理学理解产生了直接而决定性的影响，也影响了俄狄浦斯情结、自恋和手足关系的构建和解构。

我们应该牢记 Willy Baranger（1994）[460]的话："创伤不会撒谎。创伤会抱怨，要求重复。创伤一直占主导地位，直到它被显现。创伤有它自己的记忆。"因此，通过呈现一个临床案例，我将试图发展"自恋性屈辱"的概念和"创伤后怨恨和悔恨之墙"的概念。正如临床案例所展示的，这些影响是由某些早期创伤遗留下来的影响造成的，它们阻碍了自恋的进程，但被"屏障创伤"（screen trauma）掩盖。

我将提出的问题安排在以下几个部分：

（1）恐惧、痛苦、仇恨的记忆以及它们与分裂和创伤的关系。

（2）怨恨和自我的分裂。

（3）屏障创伤和历史化。

（4）创伤及其变迁。

（5）分析场域内对创伤性分裂的重新赋义。

恐惧、痛苦、仇恨的记忆以及它们与分裂和创伤的关系

D. W. Winnicott（1971）[9]曾经说过："我感谢我的病人，他们启发了我的想法。"我完全同意，因为"恐怖记忆"（memory of horror）这个词的产生就归功于我的病人 Eduardo。

遭受恐怖记忆折磨的人就是无法学会释怀。他被创伤性的回忆（reminiscence）淹没了，这些回忆被混合着战栗或惊吓的恐惧控制，他身不由己、无法忘记。他仍然被创伤性过去的记忆困扰，无法将它与他的意识生活分开或保持距离。

当压抑起作用时，个体将创伤较小的事件移除出意识，但相反地，当个体无法忘记恐怖时，创伤性事实对他的自我（*Selbstgefühl*）而言就更难以容忍了。它们类似于异物，与自我其余部分的联想流隔离开来。因为它们无法进入意义的象征链，不能被压抑，因此保持被分裂出去的状态。而且，已经被分裂出去的东西被排除在心理循环之外，因此，这些创伤性事件在未被分析的情况下就不能演化。

恐怖记忆，确切地说，是对多种创伤情境的记忆。在这些情境中，感觉和表征被重复，它们仿佛是自动重复的，也就是说，没有伴随能被整合在不同结构中并具有新的时间视角的情感再体验。

在显性层面上，恐怖记忆表现为前景的缺失。然而，在潜在的层面上，这种对未来的明显的麻木中，存在一种不可思议的矛盾：个人想要避免过去的痛苦，并抵御未来的可怕危险，危险在于重现无法忍受的昨天。

事实上，当一个人受到恐怖记忆的折磨时，他就变成了一个“垂死的”（sur-dying）人，总是处于恐惧之中，总是像一个值班的哨兵，要防止即将来临的崩溃的突然出现。

“垂死的”个体从阉割-死亡中逃离。他活着是为了战胜死神的迫害。然而，在试图避免将死亡作为人生主要目标的过程中，他最终从外在现实和心理现实的角度都变成了“垂死的”。

我知道我说的是“垂死的”而不是“幸存的”。

我们通常用“幸存者”这个词来指“那些原本时日无多，但不知怎的——不像他们的同伴——设法逃脱了这种不可阻挡的命运的人。有人在一场大灾难、某个年龄，或某种严重的、危及生命的疾病中幸存下来”（Schmucler，2007）[20]。

相比之下，“垂死的”个体，就像圣经中的Cain一样，为了逃避幽灵般的迫害，注定要永远流浪。他活着，从各方面考虑，是为了通过一种永久的承诺来拯救自己，以便不受痛苦。但他却要通过持续不断的痛苦来为他的生存权买单；他宁愿避免不愉快而不是寻求快乐，但他不能停止受苦。而正是这种不确定性的张力（它源于不可思议的焦虑行为所引起的屈辱）保护他不受涅槃原则所特有的张力绝对缺乏（absolute lack of tension）的影响。套用诗人的话："濒死的生命，活着的死亡。"（Kancyper，2004）

事实上，"垂死的"个体总是处于一种岌岌可危的状态，因此缺乏一种持久的归属感，因为他被过去的某些创伤痕迹淹没。因此，他被强迫性的、分裂的恐惧、内疚和羞耻感困扰，这是他无法控制的（*Bewältigungstrieb*）。

沉迷于恐怖记忆的人是"垂死的"流浪者。无论是从个人、职业还是机构的角度，他都无法与他人建立并投入一种信任的、持久的关系。

从各方面来看，他是一个漂泊者，同时又相信他可能会找到一个安全的避风港，从反复出现的创伤性情境中解脱出来（可以说，他无法"停泊"在这些情境中，也无法与现在分离）。因此，他珍视这个秘密的、黑暗的希望，当时机成熟时，他就在那避难，相信这样做可以使他从不可思议的经历中解脱出来——因为他的恐怖记忆是对活现了的过去的记忆，它不是由阉割焦虑，而是由死亡和无助（*Hilflosigkeit*）的焦虑决定的。这些使个人感到被"继续生活的恐怖"（Borges）粉碎和毁灭。在其他时候，这些人会感受到 Borges 式的"对现在的怀念"。相反，被怨恨和悔恨释放出的记忆建立了令人上瘾的仇恨记忆，反过来，它应该与痛苦和恐怖的记忆区分开来。

仇恨的记忆深深扎根于对报复时刻到来的希望之中，并以此为食，而痛苦的记忆则使人不得不面对现实的阉割。痛苦的记忆不是基于对过去的低估或对事实的遗忘，也不是促进表面的宽恕。相反，它是基于这样一种发现，即对现实的阉割是无法改变的，因此，个人必须接受它，并接受这种发现所引起的情感——悲伤、痛苦和仇恨，以便能够贯穿走向其他客体的通道，所有这些都使他能够经历一个正常的哀伤过程。

痛苦的记忆把过去当作一种经历，而不是一种负担。它不期望否认由个人经历和觉知所造成的痛苦。它作为一种结构化、组织化的记忆运行，在生之驱力（life-drives）的帮助下，也作为一种警报系统，保护个人免于重复负面经历，从而产生转化。

用 J. Hernández 的话来说：

记忆是一种伟大的天赋，是一种非常有价值的品质。

那些在这个故事中怀疑我给了他们一棍的人知道，忘记坏事也是为了拥有记忆。

痛苦的记忆无法剥离过去；相反，过去是作为有用的经验被记住的。通过这种方式，过去被整合在其他时间维度的配置，即现在和未来中。

与此相反，存在于仇恨记忆中的重复在死亡驱力的“帮助”下，再一次建立了不断重复、（甚至）永不满足、饱含复仇动机的欲望，从而使正常的哀伤过程陷入瘫痪。当我们应对仇恨时，我们注意到时间性呈现出奇异的特征，显然与未来维度有特殊关系。

重复是干扰未来和阻碍改变能力的基本方式。仇恨记忆与痛苦记忆不同，它不受快乐原则或现实原则的支配，而是受“折磨”原则的支配。

怨恨的个体不会停留在时间的缺失上，也不会停留在艺术的悬浮时间（一个打破了过去、现在和未来维度的时间之外的时间）上。他也没有停留在永恒的体验中，凝视内在的、不可思议的客体，以否认分裂样时间的流逝。相反，他迫切需要感觉被证清白，因为他认为自己遭受了侮辱，应该受到惩罚。因此，现在和未来被抵押了，因为个体觉得他必须捍卫自己的荣誉，捍卫他觉得被玷污了的荣誉。事实上，这个特定的过去碎片已经控制了时间的三个维度。

由仇恨的力量所维持的时间经验是对一种永远不会结束的侮辱的持续沉思，是一种无法克服的悲痛的表达。这种复仇的欲望不仅存在于个人本身，也存在于主体间关系中，甚至可以通过代际之间的传递而延续下去，在群体记忆中封存着不可阻挡的命运。因为，当仇恨出现时，对现实感知的防御性拒认就会复活。结果，替代性现实发生了，其影响是自我的系统内分裂以及正常哀伤过程中的严重挫折（Kancyper，1987，1991，1995）。

怨恨和自我的分裂

心怀怨恨的人仍在等待一个不可能的供应者。他无法承认现实的阉割，因为如果他承认，他就必须接受自己的脆弱，因为他已经证实他不能改变他者的结构（他也不能被对方按其意愿改变）。这就是为什么心怀怨恨的人不承认他者的真实感受，而坚信自己无所不能："他者有（我想要的东西），但他不会给我。这不公平。我只是一个无辜的受害者，因为很明显我没有得到我应得的。"

有了这个信念，个人就会觉得他有权利使他盲目重复的报复合法化。确实，这种徒劳的"平反希望"（hope for vindication）是通过对主体和客体的过度投注，通过为死本能服务的攻击性，通过对导致自我分裂的无法忍受的现实的拒认而维持的。

然而，现实中被拒认的方面继续对心怀怨恨的个体产生影响，因为它还没有完全被分裂出去。事实上，个体在俄狄浦斯情结、自恋和手足关系中所遭受的痛苦（Kancyper，2004）继续被充满仇恨和恐惧的沸腾记忆"感染"，进而产生另一种欲望的产物。这一过程与恋物癖的情况类似，"恋物的产生源于一种意图，即想要消除那些证明阉割的可能性确实存在的证据，这样就可以避免对阉割的恐惧"（Freud，1940a [1938]）[203]。

此外，这个过程还伴随着一种更为原始的焦虑：前阴茎阉割焦虑和无助的焦虑（Kancyper，2006）。

怨恨的人通常陷入顽固的仇恨中，一方面，这为他提供了自恋的满足，因此促进了自尊的振奋和自我的凝聚力，另一方面，仇恨实现了防御性目标：它缓和了其他神秘情感的解构效果，这些情感对个人产生精神崩溃的威胁。

因此，当我们分析怀有怨恨的个体的行为时，我们可以体会到，当外部现实阻碍了本能需求的满足时，在他的自我的核心，对外部现实的两种心理态度共存。在《神经症和精神病》中，Freud（1924b [1923]）[152-153]提到这样一种可能性：“自我为了避免在任何方向（即与本我或与现实）发生断裂，使自身变形，屈从于对其自身统一性的侵犯，甚至可能产生自身的裂痕或分裂。”

事实上，对于心怀怨恨的个体来说，分裂是一种防御机制，也是一种自我状态。此外，拒认通常只是部分的，因此，在自我内部建立了两种心理态度，在承认和拒认阉割的现实之间摇摆。从这个意义上说，怨恨通常具有防御的一面，以缓和某些焦虑带来的破坏性影响，这些焦虑会带来崩溃的风险。

存在于怨恨和懊悔中的希望感，当它作为一种防御时，即当无法接受不可挽回的丧失时，常常变得没有止境。在这些情况下，仇恨中的无休止的、病态的希望“通常代表了与原初客体唯一的，也是最后的可能存在的关系；放弃它将导致幻觉的最终破灭，并接受完全、彻底地永远失去了这些客体”（Amati Mehler et al.，1990）。

事实上，当怨恨在分析情境中建立起来时，被分析者将一种退行的掌控意志合法化，旨在将报复的力量强加于分析者和全世界。这时，被分析者把他的自负发挥到极致——事实上是不惜一切代价：他抗议他的无辜，要求正义，认为正义会为他平反。在这些案例中，分析师通常在移情中代表一个年代久远的罪魁祸首，被分析者甚至可能宁愿拿他出气，体验施虐狂的胜利，甚至以自己为代价：他宁愿复仇而不是治愈自己。

事实上，自恋式的冒犯源于被分析者的一种退行和对平反的重复的需要，这建立了一个主权支配和“绝对国家”下的例外状态。根据 Agambén（1998）的观点，主权者是有权力决定例外状态的人，他一方面站在法律范围内，另一方面站在法律之外，因为他有权力将法律搁置。国王陛下，这个心怀怨恨的个体，以至高无上的权力宣称他不需要根据法律来创造例外状态，并通过制定自己的标准，为新的合法性提供了基础。怨恨的情感状态非理性、冲动，且难以平息。它那阴郁的重复性力量使人身上所有的暴力都复活了。事实上，怨恨迅速而不可阻挡地朝着其破坏性目标前进。

Wiessel（2002）认为（意译），“怨恨是不分国界或边界的：它摧毁种族群体、宗教、政治制度和社会阶层。尽管这是人类的工作，但即使是上帝也无法阻止它。怨恨是盲目的，同时也是刺眼的。它是黑暗的太阳，在铅灰色的天空下，击中并杀死那些忘记人性的伟大和它的承诺的人。因此，对抗怨恨是最重要的，以将其从虚假的荣耀中剥离出来，这种荣耀是通过其可耻的合法性获得的”。

因此，在实践中呈现给我们的技术难题是，如何在分析情境中对抗怨恨，因为怨恨及其不可调和的报复需求都是死亡自恋的退行和重复表现。而这种类型的自恋反过来又被盲目自大的、好斗和残忍的理想自我控制，它攻击设置。

Steiner（1996）提出，怨恨构成了一个核心，围绕着它组织了一个心理避难所。他进一步声称：

> 心理避难所是一种病态的人格组织，它稳定地阻抗心理变化。当怨恨围绕着被分析者感到被伤害和冒犯的创伤性经历时，从空间的角度来看，它显然被体验为一个退行的安全港，个人可以从现实中寻找避难所，从而逃避焦虑和内疚。(1996)[174]

分析情境中恐惧、仇恨和痛苦的记忆

> 可怕的事物虽多，但没有一个比人更可怕。
>
> Sophocles，《安提戈涅》(*Antigone*)，第 395 卷

这些不同种类的记忆在 Eduardo 的爱情生活和外部现实中交织在一起的方式，在他的一些会谈中变得很明显，我将在本节中描述。

Eduardo 在 59 岁时向我咨询，因为他采用的拒认和分裂机制最终失败了，因为它们无法无限期地保持他分裂的方面（主要是情感和专业领域）的完全分离。

当 Eduardo 第一次来的时候，他说："我需要正确看待我的生活，医生。口是心非使我处于不利的地位。我发现这样的生活很难继续下去。我的生活充满了阴谋、谎言和欺骗。我真的觉得我再也应付不了这种艰难的局面了。我不认为这种口是心非是对的。此外，这让我很痛苦。我是，而且一直都是，职业的受难者。"

我在这里描述的一节会谈发生于 Eduardo 接受分析的第四年。然而，我应该强调的是，这些年来，在我们治疗期间有一个创伤性场景反复出现：他的祖父毫不犹豫地把他关在门外，没有给出任何解释，留下 Eduardo 震惊到瘫痪。

事实上，这个反复出现的场景属于一种创伤性的情况，影响了他整个家庭。 Eduardo 是那个令人难忘的祖父的第一个孙子，祖父非常喜欢他，每天都和他一起玩。在那之前，他的祖父一直与 Eduardo、祖母、两个未婚姑姑和他的父母住在一起。然而，当 Eduardo 6 岁的时候，他的祖父突然离开了，和一个新伴侣去了邻国生活。这对 Eduardo 的家庭生活来说无疑是一个极具破坏性的事件，它给 Eduardo 的母亲和祖母造成了病理性哀伤，此外，也引发了他自己主体化过程的断裂。

他的祖父（他再也没见过）盯着他，并不加解释地把门锁上，这一反复出现的场景在分析过程的某个时刻起了作用，就像一个屏障创伤，掩盖了在这一幕发生之前和之后发生的其他创伤情况。

我相信，在我将描述的这节治疗（我称之为"骨折和拐杖"）中，创伤的去结构化效应（继续存在于他的恐怖和仇恨的记忆中）以及它们对客体选择的相应影响都变得明显。

在这节治疗中，我们可以体会到 Eduardo 所遭受的创伤是如何让他感到自恋屈辱和极度的痛苦。此外，它们严重损害了他的情感和精神生活，因为心理内部的分裂取代了通常的压抑机制，这是一种防御机制，只是把意识和冲突的心理内容拉开距离。

在"从恐惧的记忆到仇恨和痛苦的记忆"中，我们可以理解 Eduardo 是如何在分析中修通这三种记忆的。

这些记忆之间的动力是相当平稳的，可以说，我们都在从一个记忆“切换”到另一个。然而，我们可以问自己：

• 如何才能检测到这三种记忆之间的摆荡？

• 这些记忆之间的界限是如何在分析过程中消失的？

Natalia Ginsburg（1999）[45]声称，“当我们快乐时，我们的想象力占了上风，但当我们不快乐时，记忆的力量占据了上风”。的确，在 Eduardo 的案例中，记忆具有巨大的力量：有时它用它的保护层把他盖住，几乎使他窒息，或者它有一种使人瘫痪的、（几乎是）掠夺性的特性。

“骨折和拐杖”

“我把我自己，我自己的结构，看作一块坚固的混凝土块，而关于祖父的创伤则是把我劈成两半的凿子和锤子。创伤是一种分割，一种骨折，还有，嗯，……从那时起，你就不再是一整块了。我是一个骨折的结构，不稳定的东西，一个有断裂的柱子的建筑，即将倒塌。

“这么多年来，这座建筑仅仅留下外立面，因为建筑真正的基础——铁，内部结构——已经骨折、变得脆弱。

“带着最初的骨折，我尽我所能地站起来。也许有人用大理石和其他装饰元素来装饰这座建筑，它看起来很坚固，但其实不然，因为它没长好。我想这一切都在我的潜意识中。骨折和脆弱在那里运作。我都憋在心里了，现在才说出来。

“我很害怕新的骨折——这就是为什么我曾经认为如果我和我的妻子离婚，我就会再次失去我的结构。我太习惯于陷入悲剧了，我以为和妻子离婚也会是一场悲剧，这使我无法下定决心。就这样我成了生活的旁观者，不能对任何事情做出承诺：无论是对我的家庭，还是对我的职业活动。

“这次骨折使我不能用自己的腿走路。我不能走路，我被人扛着。”

分析师：“被谁？”

“我被扛着是因为那是我想要的：我的父母，我的妻子。它们是我赖以行走的拐杖。现在我明白了，拐杖不是强加于我的，是我自己要的。我太想站起来了，所以我要求他们。我的妻子和父母是我选择赖以行走的拐杖，我仍然在寻求他们的支持。”

分析师：“也许你把分析和我当作另一副拐杖？”

“不，你是修复骨折的人。建筑结构也可以被修复，这样建筑就可以屹立不倒。当骨折愈合时，会形成骨痂，比骨头还硬。事实上，骨头可能在其他地方折断，但不会在同一个地方。如果我能修复我的骨折，形成良好的骨痂，我相信我不会再崩溃了。”

从恐惧的记忆到仇恨和痛苦的记忆

“我有一张我 6 岁时祖父的照片，现在我马上就要 63 岁了，这张照片变成了一部电影。现在，虽然我不能在照片中看到自己，但我知道我在电影中。有许多相互关联的情况，它们自己形成了一种序列。这张照片不再是一张照片，在我生活和受苦的这段时间里，它开始有了连续性。

“我能回忆起的最重要的画面是，没有人给我拐杖，那是我自己要的。这有助于我不去责备别人。（从仇恨的记忆到痛苦的记忆）

“当我失去祖父时，我向我的父亲寻求支持，后来我又向我的妻子寻求支持，她有着和我父亲一模一样的疾病和操纵能力。

“我有一种感觉，在我生病在家的日子里，我退缩了。我不想和任何人联系，我终于明白我必须放下拐杖。看来我们所经历的事情都有其后果。但至少我活下来了，明白了我的创伤和问题。我需要放松，不要有压力。

“在过去的几天里，我想独处。我不知道你是否可以通过自省来真正了解自己，但我知道的是，我有很多关于自己的疑问。我觉得自己是个谜。我不责备自己，反而觉得自己一直在欺骗自己。（从仇恨的记忆到痛苦的记忆）

“我想倾吐我的心声；我想坦陈我自己的自尊，坦率地面对我自己的独立性，用自己的时间去体验——体验我想要体验的东西。我希望有自主权，可以自由行动。我在寻找那种时间，那种行动的自由，思想的自由。

“我想，直到最近，我的生活就像被困住了一样，无处可逃，因为拐杖导致的情况……我相信使用拐杖和走路是一样的。事实是，我可以用拐杖移动，但我不能走路。现在我有了这种自由的感觉，它与我可能会经历的情况无关。（从恐惧和仇恨的记忆到痛苦的记忆）

“我有一种感觉，当我死的时候，我将已按照自己的节奏生活，而不是跟随别人的节奏、成为拐杖的囚徒（他停顿了一会儿，在沙发上放松）。

“我想到了我的女儿，她曾经有过和我父亲、我妻子类似的焦虑。

“我想这些年来我只是缓解了别人的焦虑。好吧！至少我以为我在这么做。

“我总是很苦恼，总是时刻警惕着，想知道悲剧会在哪里发生。对我来说，很明显我自己的一些家庭关系已经破裂。我不知道是这个原因，还是因为事实上我是在从另一个角度考虑人际关系，但我感觉更放松了，尽管我经营的公司情况很紧张。

“我不觉得紧张或焦虑，我只是想反思发生在我身上的事情。”

分析师：“你在拐杖上找到支撑了吗，或者是反过来？”

“由于我破碎的人格，我无法做决定，我没有足够的力量来做有意识的决定。

“我认为，最终，生活在对失去的恐惧中会让我处于不利地位。那时，拐杖太高了，我没站稳，只能在空中蹬着；我不能走路。现在我在这里试图厘清自己的思绪。我承认我在承诺和爱方面有严重的困难。（从恐惧的记忆到痛苦的记忆）

“我认为在经历了创伤之后，我遭受了某种骨折，从那以后，我好像掉进了一个陷阱。我觉得我只对我的孩子和孙子做出了承诺，但从来没有对女人承诺过。我从未对我的妻子或其他女人承诺过。我妻子精神不正常。她咄咄逼人，把人都吓跑了。我不想看到这些。我否认了很多事情，也许是因为那样更容易，也许是因为我实在害怕遭受新的骨折。对我刚才跟你说的那幅画面的恐惧，对新骨折的恐惧，让我看不到某些东西。（恐怖的记忆）

“我伤害了我自己的孩子——注意，不是以一种主动的方式，而是因为我被动地容忍了我妻子对他们的暴力行为。但是，好吧，这是我告诉你的电影，是骨折让我看不见。现在我能看见了，我能对这部影片做些什么？我想感到更快乐。

“现在我能看见了，也许我可以稍稍笑一笑。我应该学会看到悲剧中有趣的一面。”

* * *

构建一个包含 Eduardo 经历的所有情境（他所创造的“电影”）的“账户”所涉及的心理工作，引导我们考虑分析工作中历史化进程的重要性——恢复和调整过去的、被遗忘的情境。

事实上， Roussillon（2006）[203]指出：

> 历史化，作为一种掌握心理表征的手段，作为一种表征真实自我的能力，仍然是理解使其自身在个体中成为现实的表征本质的捷径和主要道路。历史化为必不可少的转化过程开辟了道路，而这一转化过程有利于象征化的主体性工作。

屏障创伤和历史化

精神分析非常重视屏障记忆（Freud，1899a），因为它们凝缩了大量真实或幻想的元素。对 Freud 来说，“这些记忆不仅保留了一些，而是保留了所有童年时期的基本内容。问题只是在于知道如何通过分析把它们提取出来。它们充分地代表了被遗忘的童年岁月，就像梦的显性内容充分地代表了梦境的思想一样”（1914g）[148]。

套用 Freud 的话可以说，一般来说，屏障创伤被个人潜意识地用来隐藏——同时也揭示——早期的创伤情境，以及掩盖后来发生的创伤。

记忆法的“选择”，就像在分析过程中不断重复的创伤情境一样，具有重大的历史意义。事实上，它对恐怖记忆的黏性通常凝缩了大量不同的创伤情境：纯粹的创伤（Baranger et al.，1987）、累积创伤（Khan，1963）和早期创伤。它们都无法转化为记忆，因为它们产生的情境发生在精神装置缺乏表征和语言能力的时期。因此，所有这些早期创伤的影响通常会在移情关系中活现。

从现象学的角度来看，屏障创伤以惊人的频率出现在整个分析过程中，而且从个人的意识控制中被切断。

随着 Eduardo 在分析中取得进展，我们发现，他经历的与祖父相关的创伤情境的重复凝缩了其他创伤的影响，并防御性地运作为屏障创伤，因此其他对他的心理结构造成更大破坏的情境将被隐藏起来。事实上，Eduardo 的自恋创伤（Freud，1939a [1937-1939]）出现在后面，我们将在下一节（“创伤及其变迁”）中看到。我认为，这种早期的创伤很可能影响了他的自恋过程。此外，它的影响通过一种防御机制变得可见：他对创伤情境中涉及的客体的认同。事实上，Eduardo 认同早年创伤中的客体母亲，他常常卷入施受虐关系，在关系中成为创伤的制造者。就这样，Eduardo——就像他的母亲一样——无法感知他人，习惯于把自己的需求置于一切之上，并强迫性地虐待女性。另一方面，他常常把女人拒于他的生活之外，就像他的祖父对他所做的那样，让她们不知所措，突然陷入一种无助的状态（*Hilflosigkeit*）。通过这种方式，他对别人施加了自己小时候所遭受的痛苦，当时祖父突然结束了和他的关系。

同样，童年的屏障创伤掩盖了他未解决的身份冲突，这在他与女性建立的折磨人的关系中变得显而易见。事实上，在这些关系中，Eduardo 的自恋创伤（未被解决的创伤）已经影响了他的精神结构——变成了象征性的后遗症。

根据 Chasseguet-Smirgel（1987）[778-779] 的观点，自恋创伤：

倾向于在发展的早期出现，屈从于婴儿期的失忆，与性或攻击性的印象

有关，毫无疑问，与自恋伤口有关，反过来，导致自恋的屈辱。这些创伤的形成是由于母亲未能通过对新生儿的自恋和客体投注来抵消婴儿的无助感。母亲也无法在她自己的和孩子的精神装置之间建立一种关系，这样一来，孩子就有在以后遭受其他创伤的风险。这些情况，以及其他因素，会极大地破坏攻击性和性之间的关系，以及攻击性和自恋之间的关系。这就是为什么性可以成为维护自尊的基本手段，这是一场充斥着对原初客体仇恨的胜利。

Eduardo 过去常常与某些女人发生过度性化的关系，他觉得自己获得了对她们的性胜利。然而，我相信他实际上是想弥补母性自恋的缺失。

通过他的“性马拉松”，他释放了他早期遭受的深刻的自恋伤口所造成的张力（通过将其转化为性唤起）。这样，他就避免了处理这种张力，如果这种张力与他早年在母亲那里遭受的侮辱联系在一起，就会造成无法忍受的后果。

屏障创伤是对创伤情境同化和妥协的失败尝试，因为时间性被冻结了，从而让位于虚假的历史化。反过来，这又产生了一种循环的时间性，它与分析性历史化相反。“分析性历史化，通过回溯运动操作，（它）倾向于用一个更真实的历史取代这个虚假的历史，同时，当未来、现在和过去的维度辩证地相互作用时，重启时间性”（Baranger et al.，1987）[133]。创伤不能与历史化的过程分开。

历史化的过程将创伤性事件置于历时性的时间视角中，并允许个人在历史日历中赋予孤立事件以连续性。更重要的是，通过历史化，某些创伤的不完整和神秘的方面得以重组。然后，在一个特定的时间，就像通常获得领悟的案例那样，这些方面获得了新的意义，并在一个新的结构中重新排序，重启时间性。

事实上，在当代的精神分析中，有一种日益增长的趋势，即把创伤性情境推回到其原点，以便为个体实施的分裂过程（个体将其作为生存手段）赋予新的意义。

创伤及其变迁

创伤通常有不同的变异。其中之一可能是对受创伤的个体与在创伤情境中涉及和失去的客体的认同——“自我以失去的客体为模型对自身做出部分改变”（Freud，1921c）[114]。

这种潜意识的客体关系，并不一定是由一个失去的客体的影子支配，而是由不同客体之间复杂的相互作用支配，它建立在“拥有优越权力的人与没有权力和无助的人之间的关系——可能导致一种向动物中出现的惊恐性催眠的转变”* 的模型上（Freud，1921c）[115]。催眠关系“是……一个由两个成员组成的团体……在这个团体的复杂结构中，它为我们隔离出一个元素——个体对领导者的行为”（Freud，1921c）[115]。

这种被创伤的影响所释放的认同过程，呈现出不同的内在和主体间性的防御时刻。

从心理内部的角度来看，受创伤的个体通常认同攻击者和/或受害者，但也可能在这些选择之间摇摆不定。在移情中，也就是说，从主体间性的角度来看，他将其中一种认同形式以一种排他性和持久性的方式放在另一种认同形式上。

当我们讨论主体间性时，我们应该分析他者的反应是如何起作用的，也就是说，他者是否接受了受创伤的个体分裂并投射到他身上的东西。因此，在这种以掌控为特征的关系中，两个主体——控制者和被控制的个人——都对某些倒错情况的配置和具体化做出了贡献。

事实上，在某些情况下，个体为了保护自己免受创伤的破坏性影响，倾向于占据攻击者的位置，而另一个人则被认定为并变成受害和羞辱的对象。因此，他被迫忍受受创伤的个体曾经被动忍受的所有痛苦和羞辱。

---

* Freud 将团体中个体与团体领导的关系和催眠关系做了类比。——译者注。

有其他相反的情况：受创伤的个体，被困在受苦客体的位置，分裂，投射，并把他者放置在施害代理人的角色，因此再次遭受创伤的影响。

这种情况在夫妻关系或者亲子关系中经常遇到。在诸如此类的案例中，受虐狂的父母倾向于“制造”反复施害的孩子——折磨人、贪婪、残酷和施虐的儿童，以在道德上和/或情色上实现他们自己的受虐幻想，这些幻想源于“一个挨打的亲-子”。

在整个“几代人的时间”（Baranes，1991）中，恐怖的奇异记忆的活现被传递下来。它的特点是在主体间性的动力中存在成对的施害代理人/受害者，这通过复杂的认同过程成为可能，而这又是由分裂的创伤情境造成的。

这种主从关系必然会在分析情境中重新活现，因此，在病人和分析者之间建立了一个倒错的场域。根据分析过程中特定的移情-反移情时刻，分析师无意识地扮演着受害者和施害代理人的双重角色。

我记得 Eduardo 曾经因为肺部病毒感染而生病，我给他打了好几次电话，以询问他的情况。他一直无法接我的电话，也没有回我电话。整个周末我都很关心他，也很自然地渴望听到他的消息。与此同时，我发现自己被反移情反应淹没了，感觉被抛弃了，就像他自己在童年时期面对祖父和父母不顾及他时可能会有的感觉一样。

当我向 Eduardo 作出这个诠释时，他第一次记起，小时候他为了躲避母亲经常爬到树上，而母亲会疯狂地寻找他。在他与妻子和女性情人的关系中，这种残酷的母子关系在他不知情的情况下重演了，而他未能理解。同样，他也在分析中重新活现和经历了他的创伤的过去；他认同我是受伤的客体，而他认为自己是一个怨恨的、有攻击性的代理人，他继续对现在的客体采取报复行动，因为他受到了早年客体的不公平对待。

尽管 Eduardo 曾经虐待过女性，但事实上，他身上最主要的是 Freud 在《一个被打的小孩》（*A Child is being Beaten*）（1919e）中描述的受虐癖：Eduardo 主要认同受害者，同时也认同那些伸出援手、拯救自己同胞的人。这种自恋和受虐之间的联系就像一个自恋陷阱，通过这个陷阱，他实现了受虐-自恋的欢爽，以这种方式建立了一种救赎性的认同。

复仇的去-来（*Fort-Da*）游戏中，施害代理人不断地使对方受害，反之亦然，它应该被理解为一种场现象。此外，在主体间场动力结构中这些认同效应的修通是复杂的，取决于不同复杂因素之间的相互作用。

我相信，对这些源自创伤情境的认同的诠释、建构和历史化，以及它们由于在分析过程中被重新赋义而逐步被重新安排，为个人打开了一种改变的可能性，这将防止创伤变得固着和分裂为“国中之国”（Freud，1939a）[137-139]或隐藏在一堵坚不可摧的“自恋墙”阻抗后面（Freud，1916—1917）[XXVI]。

分析场域内创伤性分裂的重新赋义

后验概念（*a-posteriori*）、延迟行动*的工具化，允许我们在研究创伤引起的分裂机制时，进行丰富的理论和技术考虑。

延迟行动激活了一种特定的记忆——一种与个人隐秘历史中的创伤场景有关的记忆。此外，这段历史在被压抑和分裂的同时，它又与被分析者的父母和手足的潜意识和隐藏的、被压抑的、分裂的历史交织在一起。事实上，这些是相互交织的历史和记忆，是某些认同过程的产生和延续的一部分。

后遗性的记忆（*après-coup*）突然打开了遗忘的大门，一个多年来甚至是几代人中一直被压抑和失去意义的创伤景象的混乱海洋喷涌而出。

对创伤情境的重新赋义发生在生命的所有阶段，因为创伤有自己的记忆，但它主要在青春期和更年期“呐喊”，因为这些阶段的特点是混乱和存在不可避免的危机。此外，正是在这些阶段中，创伤事件（失去意义的事件和之前的阶段）的重新赋义被沉淀。通过这种方式，个体变得有能力重构他的认同，认同的过程——一个永不结束的过程——由此得到确认（Kancyper，1985）。

---

* 原文中对 *Nachträglichkeit* 有 deferred action 和 re-signification 两种英译法，在本文中分别译为“延迟行动”和“重新赋义”。——译者注。

重新赋义不是对被遗忘的事件的延迟发现；相反，它是一种尝试（通过诠释、建构和历史化），来获得对那些神秘和隐藏的事件所承载的意义的理解。

> 重新赋义（*Nachträglichkeit*）是试图在新的历史化中构成创伤，也就是说，使它可以被理解。在两次创伤中，第一次一直处于潜伏状态，直到第二次与之结合，使其成为创伤。第一次的创伤（我们可以说是前创伤）从第二次创伤中获得了它的病因学价值，因为它被一个事件重新激活了，这个事件也许微不足道，但可以确定日期和命名，通过分析历史化将两次时间联系在一起。第一次的创伤是沉默的，直到事后（*nachträglich*）允许它说话，并成为创伤。(Baranger et al.,1987)[134]

事实上，回溯性的重新赋义“超越了历史现实和精神现实的两极。在这一刻，来自过去的创伤和不可理解的元素在现在的感觉、影响、意象和言语的帮助下被绑定。通过这种方式，被分裂出来的部分被整合到心理现实中，然后，可以被压抑和遗忘”（Kunstlicher，1995）[700]。

在这个时候，神秘的、重复的、不可理解的过去突然变成了更清晰、更可以被听见的现实；此外，在心理现实的整合和重组中，它允许个人重写自己的历史和承认自己的身份。

最后，我想强调的是，我们临床工作的目的不是重新经历过去，而是在一个不同的结构中重写它。这并不是关于记忆；这是关于重写的。重点是重写的工作，而不是重新体验过去。

重新经历过去固然重要，但这还远远不够：它只是起点，而终点则是对过去的重构。个体身份是根据他自己的传记被重组的方式来定义的，重组是为了把它转化为他自己的个人历史。

普遍分裂理论

劳尔·哈特基（Raul Hartke）[1]

据 Freud 的传记作者 Ernest Jones（1957）说，Freud 在 1937 年圣诞节开始写《防御过程中自我的分裂》(*Die Ichspaltung im Abwehrvorgang*)，但他没有完成，也没有发表。这本书在 1940 年，也就是他死后一年多才出版。Jones 认为，这可能是因为被报告的临床病例的一些细节可能透露了病人的身份，这位病人当时是一个知名公众人物。

正如 Laplanche 和 Pontalis（1967）所指出的那样，德语术语 *Spaltung* 自 19 世纪末以来已经在精神病学中作为心智分裂的意义使用。例如，正如这些作者提醒我们的那样，当年关于癔症和催眠的论文使用了“人格解离”“双重意识”和“心理现象的解离”的概念。 Bleuler 也用这个术语来指代精神分裂症中的基本障碍，意思正是分裂、分化或裂开的心智或精神。

Breuer 和 Freud（1895d）已经在《癔症研究》中提到了“意识分裂”(splitting of consciousness，*Bewusstseinsspaltung*)。一个人的头脑中存在两种相互矛盾、相互独立甚至相互排斥的现象，然而，众所周知，两位作者对于这种并存的起源存在分歧。Breuer 将其归因于他所谓的“催眠状态”，即相当于催眠所产生的意识状态。在这个状态下发生的心理内容会与其余的心理生活分裂。对 Freud 来说，恰恰相反，这种意识的分裂是由一种心理冲突

[1] Raul Hartke 是阿雷格里港精神分析学会的一名精神病学家和培训、督导分析师，他曾担任该学会的科学主任、主席和研究院院长。他是南格兰德联邦大学（Federal University of Rio Grande do Sul）医学院精神病学系的精神分析心理治疗教授和督导。他还是《国际精神分析杂志》葡萄牙语书评的副主编。

引起的，这种冲突会激活压抑的机制，并将心理内容从意识中分离出来，从而使它们成为潜意识的。

首先，在一般意义上，心智分裂的概念是精神病理学和一般心理功能的精神分析理论的起源（Laplanche et al.，1967）。

在 Freud 的作品中， Strachey（1964b）将分裂现象纳入了精神分析的创始人所称的“自我改变”（alteration）这一更广泛的主题中，它总是由防御过程产生的。在这个意义上，Strachey（1961c）在 1894 年第一篇关于防御神经官能症的文章，以及在 1896 年 1 月 1 日寄给 Fliess 的手稿［被称为 K. Strachey 手稿（1964a）］中，在他对 Freud 的文章《可终结与不可终结的分析》的介绍性评论中，为检视“自我改变”这一思想的演变提供了宝贵的标识。按照他所标记的这条线索，我认为可以这样说，一般而言，这指的是自我在关注和调和本我、外部世界与超我的冲突要求时的妥协 （accommodation），甚至是屈从（subjugation）。其目的是在其自身的领域内避免矛盾，符合其运作的统合（synthetic）趋势。然而，Freud 在数年后描述的分裂恰恰让他感到惊讶，因为它与统合功能相矛盾。尽管如此，在《神经症与精神病》中，Freud（1924b［1923］）[152-153]指出，自我可以通过“使自身变形（deform），屈从（submit）于对自身统一性的侵犯，（甚至可能）产生自身的裂解或分隔”来避免崩塌。Strachey（1961b）指出——正如我的观点——这是一个关于自我分裂的特定概念的早期暗示。

尽管如此，根据 Laplanche 和 Pontalis（1967）的说法， Freud 大多使用 *Spaltung* 这个术语来指代将精神装置分为系统（潜意识和前意识/意识）、实体（本我、自我和超我），甚至把自我分为观察的部分和被观察的部分。在这个层面上，它不是一个恰当的概念，更不是一个操作性的概念（Le Gaufey，1993）。

直到 1927 年以后，在一篇关于恋物癖的文章中，分裂才上升到一个概念的范畴，并且与自我具体关联起来。因此，他开始提到系统内的分裂，而不是一般的实体或系统之间的划分。

Strachey（1964b）又一次和我的观点一致，他认为《防御过程中自我的分裂》这篇文章，也就是本书的核心主题，可以被认为是关于恋物癖那篇文章的延续。然而，在这里，“分裂”成为该论文的标题。因此可以推断，如果它当时被完成了，这将是它的中心主题。此外，在我看来，《精神分析纲要》（1940a [1938]）第八章的最后部分不仅包括而且扩展了这个议题，进一步深入，并更好地将这个主题系统化。众所周知，后一部作品也没有被完成，只是在 Freud 死后才出版。然而，这一章本身就显得完整，因此构成了研究自我分裂的重要参考。不可忽视的是，这是精神分析创始人作品的某种后记（Strachey，1964c）。这本书是在 1938 年 5 月或 7 月写的，比关于自我分裂的著作晚了几个月。我不会忽视这样一种可能性： Freud 如果在 1937 年圣诞节完成他的《精神分析纲要》的话，它会在本质上包含甚至改进那篇论文的内容。

尽管如此，它是基于我们可能称之为“三联画”的东西，我将试图确定所涉及的概念的重心，其外延的边界在其创造者的不同作品中有所不同，在其他分析性作者的笔下更甚。

顺便说一句，如前所述，这是一个“三联画”，各部分不相等。第一篇，他完美地推论，提出了恋物癖的标题，强调对女人没有阴茎的拒认机制（*Verleugnung*），并展示作为其后果的自我分裂。第二篇，显然是未完成的，叫作“自我的分裂……”，使用了一个恋物癖的案例作为研究模型。最后一部分应该构成精神分析的最后一个图式概览，但它也没有被完成，虽然至少有七节显然已经完成。

接下来，我将详细考察上述“三联画”的每个部分，以便稍后我可以就本节基本主题提出一般性的考量。我这样做是因为我相信，如果我专门研究这篇关于自我分裂的文章，它不会很有成效，而且，最重要的是，它会有非常局限、断章取义的风险。

《恋物癖》（1927e）的中心主题是弗洛伊德式（Freudian）的论点，即恋物取代了女性（母亲）所缺乏的阴茎，男孩在一定时期内相信女性（母亲）存在阴茎。在这些案例中，他没有设法放弃这一观念，因为那将证明他自己可能被阉割。但是，他并未完全忽略女性没有阴茎的知觉，所发生的是 Freud 所说的“拒认”。如 Strachey（1961a）所述，这个概念早在 1911 年的《论心理机能的两条原则》（Formulations on the Two Principles of Mental Functioning）中就已经被暗示过，但从 1923 年的《婴儿期性器组织》（The Infantile Genital Organization）一文开始占据越来越大的篇幅。在 1927 年的文章中，Freud（1927e）评论说，不仅当前有，而且持续存在对缺乏阴茎的感知，但与此同时，它是自我强烈的相反行动的对象，目的是拒认它。然而，此时 Freud 还没有认为有必要为这种机制创造一个新的术语，而是将它包含在已知的压抑（*Verdrängung*）过程中。但他建议将压抑指定为情感的目标，并将拒认指定为表征的目标。尽管如此，在恋物癖的案例中，结果是一种妥协，只有通过初级过程才能实现它，自我的一部分接受女性缺乏阴茎的感知，而一部分继续相信所有人类都有它（即婴儿期性理论）。为此，以恋物为代表，在女性身上创造了阴茎替代物。后一种情况[自我内部的两种心流（current）持续存在，一种接受阉割，另一种拒认阉割]为 Strachey（1961c）[150]在所研究文章的导言中提出其观点创造了条件，他认为这是“一种新的元心理学发展”，以拒认开始，但以它不可避免的后果——自我分裂结束。后者，正如我们将进一步看到的，除了与拒认的排他性联系外，还将经历其他发展。无论如何，它涉及在外部现实的压力下自我运作的一般问题。事实上，为了在 1927 年的文章中介绍这个主题，Freud（1927e）[155]写道——在我看来，这是暗示性的——“对恋物癖的解释还有另一个理论意义”。然后，他提到了他分析的两个年轻人的案例，发现他们都拒认了现实的一个关键片段——他们的父亲在他们小时候就去世了，但这并没有导致他们发展出精神病。这种情况与他先前的论点相矛盾，即神经症和精神病之间的本质区别在于，在前者中，自我拒绝本我的一部分来满足现实的要求，而在后者中，自我拒绝部分现实以满足本我的要求。在 Freud 提到的两个病人身上，发生了与恋物癖相同的拒认，就像同样发生的自我分裂一样，但这种拒认的对象是对父亲死亡的痛苦感知。

在他们的精神生活中，只有一股心流没有意识到他们父亲的死。还有另

一股心流充分考虑了这一事实。符合愿望的态度和符合现实的态度并存。在我两个案例的其中之一，这种分裂形成了中度强迫性神经症的基础。病人在生活中的每一种情况下都在两种假设之间摇摆：一个是他的父亲还活着，并且在妨碍他的活动；另一个，与之相反，他有权把自己看作父亲的继承人。(1927e)[156]

Freud 补充说，在精神病中，依据现实的心流不会奏效。

然后，让我们记住以下内容，作为以后考虑这一主题时的补充信息。在我们“三联画”的第一部分中，自我分裂被认为是自我否定现实片段以回应本我要求的被动和不可避免的结果。它典型地存在于恋物癖中，在这种情况下，主要是由于对女性缺乏阴茎的拒认。但它也可以在神经症中被找到，因此可能源于对外部现实其他方面的拒认。在精神病中，承认知觉的心流将被无效地维持。

我们的“三联画”的中心部分的开始以精神分析创立者的一个疑问为标志。他不知道在他将要描述的婴儿精神创伤情境中，自我的特殊行为（即分裂）是否是已知和明显的，或者相反，是全新的和令人惊讶的。然而，他倾向于第二种可能性。我认为强调这种最初的犹豫很重要，因为几个月后，在《精神分析纲要》的第八章中，他会说：“我们刚刚描述的这种自我分裂的事实不像最初看起来那么新异或奇怪。” 我相信，这种观点的改变表达了在自我防御过程理论化的一般背景下，对分裂概念的一种短期修正，正如我稍后在讨论第八章的贡献时所说的那样。

为了研究这种特殊的自我功能， Freud 在 1937 年圣诞节期间开始写作的文本中删除了其可能的原因之一并做出强调，但这不是唯一的原因，正如他所强调的那样。因此，面对驱力导致的强力需求与对满足驱力会导致真正的、无法忍受的危险的恐惧之间的冲突，自我会做出两种相反的反应，同时发生、相互独立，但都有效。

“一方面，”Freud 说，“在某些机制的帮助下，他拒绝现实，拒绝接受任何禁令；另一方面，他同时意识到现实的危险，将对这种危险的恐惧视为一种病理症状，并随后试图摆脱这种恐惧。”

不可避免的重要后果是自我中的一条深缝、一个裂口、一道裂痕（*ein Einriss*），它不会随着时间推移停止生长。如上所述，这种分裂的持续存在令 Freud 感到惊讶，因为它与他关于统合的自我功能的观点相悖。他现在说，这个功能需要特定的条件才能维持，而且会受到各种干扰。

接下来，Freud 报告了一个简短的临床例子——又是一个恋物癖的案例（没有具体说明恋物），以阐明这个过程。这一次，他强调了对阉割的恐惧，这引发了对女性没有阴茎的拒认以及随之而来的分裂和相关症状，这是两个事件的必然结合的结果，这两个事件是：对女性生殖器的看法和后来对阉割的口头威胁。他还评论说，尽管通过拒认继续满足驱力（该案例中是自慰），但男孩同样发展出了对被父亲吞噬的强烈恐惧，这是一种对阉割的退行的口欲性替代。他也开始表现出一种被阉割本身的象征性的置换表达，表现为对他的两个小脚趾中的任何一个被触摸的焦虑敏感。换句话说，来自自我的拒认和分裂并没有阻止表达性和防御性症状的形成。

总而言之，在我们的“三联画”的这个小而未完成的（即使如此，也是重要的）中心版块中，分裂成为中心主题（这是文章的标题），一切都指向这样一个事实：除了恋物癖，分裂不仅会继续被假定为其他精神病理情况，就像在 1927 年的论文中所述，而且它将开始从拒认的特定机制中脱离出来。然而，后一种可能性将不得不等待“三联画”的下一部分——《精神分析纲要》（1940a [1938]）的第八章——来解释和证实。

我甚至认为，在《精神分析纲要》的后一部分中，Freud 为我们可以考虑的“普遍分裂的概念”扫清了道路，留下了第一个大纲。他提出，当面对客观世界和本我的冲突时，自我应该通过压抑来抵御来自本能的要求，通过拒认反映外部需求的知觉来抵御来自外部的要求。这种拒认并不是恋物癖的范畴，而且就使自我与现实失连接这一目标而言，它总是不彻底的。在任何情况下，我们都可以看到，这种拒认总是伴随着对外在现实的承认。因此，两种相互对立又相互独立的心理态度被认为是造成精神分裂的原因。这一过程的最终效果将取决于每一种心理态度的相对力量。

Freud 假定这种分裂总是存在于精神病性状况中。当自我与外部现实失连接的心理态度在本我的压力下占主导地位时，精神病就会表现出来。与这一现实保持联系的相反态度同时悄然存在。例如，它可能负责产生不带任何幻觉的代表现实的梦。 Freud 说，在后一种情况下，就好像一个不参与其中的观察者仍然隐藏在心智的某个地方，注视着精神病的过程。当保持与客观现实接触的心理态度占优势时，妄想就会被驱逐到潜意识中（事实上，在精神病爆发之前，它就已经在潜意识中），从而产生明显的治疗效果。

但 Freud 再次扩大了这一现象的外延和影响：

假设在所有精神病中都有自我的分裂，如果这个观点不被证明适用于其他更像神经症的状态，并最终适用于神经症本身，就不可能引起如此多的注意。(1940a [1938])[202]

在这个意义上，关于恋物癖，他强调它只是构成了一个特别有利于自我分裂的研究对象，而且是第一个使他相信这一点的研究对象。他还指出，在这种情况下，并不总是存在自我分裂。它只存在于那些恋物的形成中——为了避免阉割焦虑破坏了女性缺乏阴茎的证据，并没有阻止这种类型的焦虑的发展，也不意味着非恋物者不会产生相同的反应。

因此，这种行为同时表现出来两个相反的假设。一方面，他们拒认感知的事实，即女性生殖器中没有阴茎；另一方面，他们认识到女性没有阴茎的事实，并从中得出正确的结论。这两种态度在他们的一生中并肩存在，互不影响。这可能就是所谓的自我的分裂。(1940a [1938])[203]

Freud 接着说，在其他案例中，恋物形成后所发生的事情是在置换（displacement，*Verschiebung*）的帮助下发生的妥协形成（compromise-formation），遵循了从梦的研究中得到的已知路线。

神经症中自我分裂的议题在这篇文章中没有进行广泛讨论。Freud 在 1927 年就已经提供了一个年轻男子的案例，由于对童年时父亲去世的拒认，显示出一种分裂，导致了强迫性神经症。此外，在我看来具有重要的理论意义的是，在本章的最后一段，他陈述了在头脑中存在两种相反的态度，在与特定的行为相关的方面，它们相互对立且相互独立，这是“神经症的普遍特征……”（1940a[1938]）[204]。然而，在这个案例中，这两种心理态度中的一种属于自我，而相反的另一种被压抑在本我中。另外，在恋物癖中，两者都保留在自我中。

因此，在最后一个例子中，精神分析的创始人在他文章的后记中说，在一个特定的临床情况下，通常很难确定区别是地形学的还是结构学的。Freud 进一步说道：

> 无论自我在防御中做了什么，无论是试图拒认真实外部世界的一部分，还是试图拒绝来自内部世界的本能需求，它永远不能取得完全的和无条件的成功。其结果总是取决于两种相反的态度，其中被打败的、较弱的一种态度，在导致心理复杂性中所起的作用，不亚于另一种态度。（1940a[1938]）[204]

将上述“三联画”的后一部分中所有的命题分组，将使以下的普遍性考虑成为可能，在我看来，这也包括 Freud 在前两篇论文中关于分裂自我的陈述，而且与之并不违背。

对本我驱力的压抑和对外部现实部分的拒认，都引发了心理分裂，这种分裂因此在精神生活中获得了一种普遍的特征。在任何这样的情况下，我们总是面对两种相反的、相互独立的心理态度，两者都有效。区别仅仅是结构或地形上的：在压抑中，分裂发生在实体（自我和本我）或系统（潜意识和前意识-意识）之间；拒认发生在自我本身。在 Freud 的最后一篇文章中，拒认不属于恋物癖（性倒错）的范畴，在这些案例中，拒认并不都必然会引起自我的分裂。在精神病（总是与分裂有关）和神经症中也有拒认。因此，关于神经症、精神病和性倒错中分裂的起源和影响的差异，还有很多问题有待解释。在这个意义上，Lacan 的贡献，即提出了对精神病排除（foreclusion）* 机制（*Verwerfung*）、性倒错的拒认，以及神经症案例中的压抑，很可能构成了改善这整个议题表述的一种试验性方法（Roulot，1993）。此外，Lacan 假定“主体的分裂”不同于 Freud 的自我的分裂，这是主体的正常功能，因为这“总是由一个意指代表另一个，由于意指链的运作而无限分裂”（Le Gaufey，1993）[84]。

基于所有这些命题，我们是否在处理我称之为普遍分裂的概念？如果是这样，它对防御过程的普遍理论意味着什么？它是否会像 Green（1993）所说的那样，涉及对防御理论进行总体回顾的需要？关于这个问题，Green（1993）说：

> 因此，1938 年那篇文章中的困惑可以解释为将这种防御模式普遍化的合理性问题，即，我相信，在死本能和第二地形学理论被引入后，有必要*对防御概念进行总体回顾*，类似于 Freud 对焦虑所做的，他似乎已经看到了这种回顾的必要性。

Green 的这番话在我看来是非常中肯和具有挑战性的。我只质疑将分裂作为一种防御机制的这种分类。在上面的一般考虑中，我用斜体表示“后果”，因为我同意 Laplanche 和 Pontalis（1967）[429]的观点，即在 Freud 的观点中，分裂本身并不是一种防御机制，而是防御过程的一种效果。他们说，这种分裂“确切地说，不是自我的一种防御，而是使两种防御程序并存的一种手段，一种指向现实（拒认），另一种指向本能；第二种程序可能导致神经症症状（如恐惧症状）的形成”。

---

* 我们根据《拉康精神分析介绍性辞典》把 foreclosure/foreclusion 翻译成“排除”，也有人翻成“取消意符”，台湾同道译为“除权弃绝”。其意为：①被除权弃绝的意符并未被整合入主体的无意识；②这些意符不会“自内部”重返，而是在真实（界）中重返，特别是在幻觉现象上。——译者注。

当我们在 Melanie Klein（1946，1952，1957）的作品中审视 *Spaltung* 概念的命运时，这个问题的情况就不同了。 Klein 假定存在一种对客体的原初主动分裂，因此也存在对自我的分裂，作为最原始的防御机制之一，在所谓的偏执-分裂状态中处于中心位置。正是出于这个原因，它是一个不同于 Freud 提出的自我分裂的概念。

根据 Klein（1946）的观点，从出生开始，自我的主要目标是，处理死本能的内部作用所产生的焦虑。由于缺乏最初的凝聚力，早期的自我在这种偏执性焦虑的压力下往往会粉碎。然而，Klein（1946）[5]假设从一开始，自我也会使用“主动分裂过程”保护自己不受这种焦虑的影响，“正如我们假设的那样，早期的自我以一种主动的方式分裂客体及与客体的关系，这可能意味着自我本身的某种主动分裂”。

紧接着，仍在同一部作品中，她甚至更加坚定地指出，自我永远无法在不分裂自身的情况下分裂客体：“我相信自我无法分裂客体——内部和外部的，而在自我内部不发生相应的分裂。因此，对内部客体状态的幻想和感受对自我的结构产生重大影响。”（Klein，1946）[6]

分裂从一开始就与其他原始机制相关联，如内射、投射和投射性认同。后者包括将自体的一部分分裂出来并投射到另一个人身上。

Klein 强调，这种内部和外部客体的分裂，情绪和自我的分裂，是正常发展的一部分。她认为这是“建立自我的工具”。它使令人沮丧的好乳房和令人满意的好乳房分离，后者内射为自我的一个重要关注点，它抗衡了分裂和分散的过程，从而提供凝聚力和整合。在某些条件下，尤其是与原初妒忌有关时（Klein，1957），它构成了病理过程的基础。

在抑郁位相下（Klein，1952），（现在是完整客体的）分裂开始发生在一个活着的、未被摧毁的客体和另一个受损的、受到威胁的、垂死的或死亡的客体之间，作为对抑郁性焦虑的一种防御。

至于分裂与压抑之间的关系，Klein（1952）认为分裂是后者的基础，实际上构成了后者的一种原始形式。最原始的分裂导致自体的失整合状态。这种情况不会发生在压抑的情况下，因为分隔发生在意识和潜意识之间，两者在内部已经更加整合。但原始分裂早期修通的程度对后期的压抑强度有决定性的影响。它越不被克服，压抑就会越强烈，因此意识和潜意识之间的障碍就会越僵化。原始分裂越被克服，压抑就会越温和，系统之间的交流就越多，从而使潜意识的内容能够到达自我，并根据其特点被处理。

综上所述，可以说，在 Klein 的研究中，分裂不仅本身是一种防御机制，这是首要的和根本的，它也是其他重要机制的基础，如投射性认同（意味着分裂）和压抑（这将是一个更进化的分裂）。此外，它也是其他防御行为（如否认和理想化）的基础，以及建立自我的工具。

需要强调的是，在 Melanie Klein 之前，Fairbairn（1952b；Klein 曾引用他的文献）已经假设，分裂构成了构建他所称的“基本内部心理状况”（basic endopsychical situation）的核心机制，他考虑到“分裂位相”在所有心理发展中是主要和基础的。

按照 Fairbairn 的最终版本，以这种方式构建思维的第一步是，由一个非解离的原始自我将部分不满意和部分满意的客体合并。这个自我对于客体的矛盾心理随之产生，因此它构成了一个矛盾的内化客体。在下一阶段，自我主动地从客体的主体中分裂出过分兴奋性和过分挫败性的方面，这两方面都是它无法接受的。从这种分裂中产生了一个兴奋性客体和一个拒绝性客体，两者很快也被压抑，而持续存在的是原始客体的核心。但是原始自我在这些客体中的投注仍在继续，并且，由于它不接受兴奋性客体和拒绝性客体，它最终也分裂了。与兴奋性客体相连接的部分将产生力比多自我，而与拒绝性客体连接的部分将成为所谓的内在破坏者。在此之后，自我的中心核心（central core）和原始客体的核心仍然存在。后者为自我所接受，因此不受压抑，呈现出去性欲化和理想化的客体的形式，构成了超我（Fairbairn 更喜欢称其为自我-理想）结构的核心。

因此，我们发现，对于 Fairbairn 来说，在合并客体（客体本身并不产生任何心理结构）之后，正如我上面提到的，分裂就构成了构建心智的核心机制。压抑和外化随后出现，并影响其结果。再次强调，第一次分裂（主动的，正如 Klein 所言，她在这一观点上和 Freud 不同）是客体的分裂（同样，仅存于 Klein 理论中，在 Freud 理论中未被提及）。自我的分裂发生在客体的分裂之后（与 Klein 的观点相似）。但是，无论是 Fairbairn，还是 Klein 和

Freud，他们都认为自我的分裂总是防御过程的结果。然而，Freud（不同于 Fairbairn 和 Klein）不认为分裂本身是防御机制，就像之前已经强调的那样。

实际上，到目前为止所提到的每一种分裂都需要用它自己的元心理学解释来界定，而不是仅仅使用描述性的术语。

在所有这些之后，还有最后一个扩展，我认为这是合理的、必要的，甚至是当代精神分析越来越被接受的发展所要求的。

在目前的工作中，迄今为止对分裂现象的研究是在一个专门的心理内部领域。然而，越来越多的人采用这样的假设：分析空间和过程中存在的、可观察到的、可接触到的所有现象都源于被分析者和分析者的内在功能之间的相互作用。换句话说，这本质上是主体间现象。此外，对许多分析师来说，这些现象不仅仅是两个参与者的心理功能的总和。这超越其上，就像群体的现象超越了每个成员贡献的简单总和（Bion，1961）。在这个意义上，我们可以称之为跨主体或超主体现象，而不是简单的主体间现象。它们在 Willy Baranger 著名的"分析场理论"中被概念化（M. Baranger，2005；W. Baranger，1979；W. Baranger et al.，1969）。最近，Ogden（1994b）将它们纳入关于他所谓的"主体间分析的第三方"（intersubjective analytic third）的理论表述中，这个"第三方"将与设置中同时存在的两个主体处于永久的辩证张力中。我相信，从所谓的复杂适应系统中出现的被描述为"涌现属性"（emergent property）的过程开始理解它们也同样是有可能的（Hartke，2004；Honderich，1995；Lewin，1993）。这是一个整体结构，虽然它是由单个元素的相互作用产生的，但它呈现出新的功能特征，这些特征不能从每个元素中被单独推断出来。我认为在分析空间中发生的现象到最后总是跨主体的。然而，它们将出现在（被分析者或分析师的）心理内部，或者因为分析师（或被分析者）的观察视角而只属于这个两人配对（the pair）。换句话说，只有根据分析师或被分析者采用的顶点（vertex）*（Bion，1965），（由于自我的一种特殊的分裂，）它被分为观察的部分和观察其自身、他者和他们正在形成的配对的另一部分。进一步说，

---

* 视角，point of view。——译者注。

利用 Bohr（1958）从他所谓的量子物理学“认识论课程”中提出的“描述的互补模式”的概念*，我相信每个顶点总是产生一个不同的现象。这是因为观测位置不可避免地会改变所观测现象的运作（Hartke，2007）。同时，所有的顶点都是重要和必要的，这样就可以适当地描述和处理背景中的事件。

从这个（认识论的、理论和技术上的）基本的定位开始，问题被提出，那将是迄今所研究的相当于心理内部分裂的主体间或跨主体的情境。我认为 Baranger 等人（M. Baranger，2005；W. Baranger，1979；W. Baranger et al.，1969）为此做出了独特而宝贵的贡献，概括如下：

如果像 Freud 在他的一篇未完成的论文中所认为的那样，每一种防御机制都意味着某种“分裂”，或某种自我内部的分裂，那么该领域的所有病理形态都将意味着它的某个部分的分裂，从而逃脱了一般的动力，并造成或多或少明显的瘫痪。即使场域产生了一定的调动，它也会撇开分裂的部分，以这样一种方式使它远离所处情境的动力。这种分裂并不对应于一种压抑，分裂部分的某些部分是在意识层面的，或者可能很容易变得有意识。相反，其他部分被压抑，并对应于支持当前分裂的更古老的分裂。

在双人情境下，当被分析者在尝试分裂中发现分析师的潜意识同谋或盲点时，这个过程就变得偏颇。然后我们看到分析过程的局部化。事件继续发生，部分材料继续被修通，但一些重要的东西逃离了这个过程，仍然是晶体(未能被代谢)。（M. Baranger et al.，1964）[8]

在这些时候，或在病理情境下，形成了 Willy Baranger（1979）所称的“壁垒”（bulwark，*baluarte*），比喻对接近堡垒（fortress）中心部分的一

* 源自对波粒二象性的看法，“原子物体的行为、原子物体与测量仪器的相互作用（定义了现象发生所需条件），这两者之间不可能存在任何明显的分割……因此，从不同实验获得的证据不能被概括在单独一种图景内，而必须被视为相互补足，只有整个现象能够详尽概括关于物体的所有可能信息”。Bohr 期待把他的互补性原则作为总体的认识论原则运用到包括心理学在内的其他学科。——译者注。

种高级防御（M. Baranger，2005）。这是分析空间的一种特殊形式，是一个由参与者创造和维护的防御性阻抗区域，有时逃避了分析过程中特定的调动、言语化和修通的可能性。

对心理内部分裂的所有层次和所有形式的考量，也需要（或者说，首先需要）被识别、概念化，并在这个主体间或跨主体的范围内被技术性地修通。

克服产生壁垒的场分裂，是由具体的分析性洞察力来实现的，Barangers（1969）[163]也将其理解为双人场域中必要的现象："分析性洞察行为形成对场域当前状态的解释，由分析者完成，并由被分析者共享。"在治疗过程的一般动力中，它使堡垒中那些被排除、隔离和瘫痪的场域的方面重新整合。除了意识到正在发生的事情之外，两个参与者可以区分出属于自己的东西。很明显，这个场域将立即以另一种病理的形式被重新构建，而这必须通过一种新的洞察力加以克服，这个过程被 Willy Baranger（1979）描述为"螺旋状"。但是，对于本研究的目的而言，最重要的是 Baranger 的评论，即这种类型的洞察力需要并意味着他所描述的"二次审视"（second look）或"二级审视"（second-degree look）。我再次引用他的话，因为我认为这个概念再次涉及一种特殊的分裂过程，因此不仅延伸到分析场域的病理学，而且延伸到治疗过程的特征和本质的工具，即旨在洞察的工作：

分析者在该场域功能的这种分裂以双重视野或第二视角来表达，虽然这是一个众所周知的现象，但很少有人做进一步的研究，因为它导致反移情，这是大多数分析师想要避免的。在任何一个分析过程中，都有两种不同的视角：第一种，简单的视角，专注于被分析者呈现的联想材料，例如，我们分析一个梦，将显性内容的元素与联想联系起来，揭示形成这个梦的当天的残留物，与先前的梦、病人先前带来的记忆、他与他人关联的当前状况建立联系，等等。当这项工作进展顺利时，我们保持这种视角。然而，如果出现了某种困难，如果在我们心中浮现出某种怪异——一种清晰的感觉，一种躯体的反应，一种奇怪的幻想——我们感到需要改变我们的目光的方向，不仅要关注被分析者，而且要关注整个场域，包括我们自己。第二种视角包括分析师的自我观察。

Barangers（1964）将在洞察进程中的观察性自我或执行观察功能的自我，与堡垒占主导地位的情境区分开来，这时，它（堡垒占主导地位的情境中的自我）的工作目标是对他者防御性的警觉和自我保护。

正如我提到的，“二阶审视”（second-order look）可以指向在分析中自己的、他者的或配对的运作，在每种情况下产生不同的现象，却总是有一个跨主体的起源和基础。然而，需要强调的根本方面是，这种“第二视角”或“互补顶点操作”在所有情况下，都需要在分析领域中自我的分裂。我认为，在这个案例中使用分裂一词不仅仅是描述性的，并非没有任何概念价值，因为它支持和要求解释它的具体特征（Barangers 曾在 1961—1962 年和 1964 年的文章中检验）、存在可能性的条件，也许还有特殊的焦虑。首先，就其独有的特征而言，这种分裂既不是源于心智的冲突，也不会导致病态的情况。两个分裂的部分（观察者和被观察者）都留在自我中，意识到并被认为是自己的，但是，与 Freud 提到的自我分裂相反，它们（第二视角中的自我分裂，是健康的功能性部分）产生了属于洞察力的整体感。当然，这种分裂还有其他一些特殊性，在这种情况下，也有一种持续存在的可能性，即这只是另一个过程的结果。或者，与此相反，我们在这处理的主要是自我的分裂，而不一定意味着客体的分裂？

Ogden（1994b）和 Britton（1989）基于不同的理论路线，评论了个人自我观察能力的发展，这同样意味着自我的分裂，在我看来，这同样符合分析领域中“第二视角”所涉及的心理过程的必要条件。对两位作者来说，这种自我功能包括获得第三性。因此，基于 Winnicott 的观点，Ogden（1994b）[49]说：

婴儿在母亲对他的反映中观察自己（作为自己的他者），产生了自我意识（“自我反思”）体验的基础，即对可观察到的我性（me-ness）的觉察。换句话说，母亲在她镜映的角色中提供了第三性（Green，1975），允许将婴

儿分为一个观察主体和一个作为客体的主体，两者之间有一个反思空间。

Britton（1989）则提出，这种第三性只能通过阐释抑郁位相和俄狄浦斯情结来实现，二者相互依存。儿童对父母之间的生殖和生育关系（不同于与单个父母之间的关系）的识别创造了他所谓的“三角空间”——这个空间由俄狄浦斯情境中的三个参与者划定，每个人都有自己的位置——这就创造了不同客体关系的可能性：

然后就产生了第三者位置，可以就此观察到客体关系。鉴于此，我们也可以设想（自己正在）被观察。这使我们有能力在与他人互动时看到自己，在保留自己观点的同时欣赏另一种观点，在做自己的同时反思自己。这是一种我们希望在分析中，在自己和病人身上找到的能力。(Britton,1989)[87]

最后，我认为 Bion（1963）提供了一个有趣的贡献，关于洞察过程中心理分裂的特殊痛苦。他说，在分析关系的亲密中有疏离的需要（一种分裂?)，这样就可以在其过程中对互动进行检验。在被考察的客体中，这产生了一种孤独和被遗弃的痛苦感；在考察客体中，也有脱离其存在所依赖的基础（即“原始的动物精神遗产”）的痛苦感觉。

显然被抛弃的审视对象是作为政治或群体动物的个体的原始心智和原始社会能力。“疏离”人格在某种意义上对其工作来说是全新的，不得不转向与其组成部分通常所适应的任务不同的任务，即对排除自体的环境的仔细审视；付出的部分代价是承受不安全感。(Bion,1963)[16]

在 Bion（1965）[66]的思想中，分裂和自我观察能力（内省力以及进行关联的必要条件）之间的关系在下面的段落中非常明确。这里也展示了分裂与观察点和他所谓的“双目视觉”的关系，以及公认的正常或有问题（倒错）的应用：

可以观察到病人通过改变观察点来改变他们对一个客体的态度，这可能是病理性的，类似于地面或天文测量员用来估计远处物体的距离的方法。这一过程包括在时间和空间上分裂，根据意图的性质，可能在“双眼视觉”不可用时提供“双眼视觉”的替代品，以帮助解决问题，或者在“双眼视觉”可用时破坏“双眼视觉”，从而阻碍解决问题。这一点的直接意义在于使用分裂作为获得关联的方法。

对于求知过程至关重要的分裂，对分裂的病理使用，在时间和空间上分裂……越来越泛化的分裂……

然而，在这一点上，我打算在这个漫长的旅程中，以 Freud 在他未完成的关于分裂的文章中讨论的主题为结尾。从仅仅描述性地使用分裂这个术语开始，我们仍然与 Freud 一起，到达了自我分裂的概念，它最初与拒认联系在一起，但随后被认为是针对内部要求（压抑）的防御过程的后果（本身不是防御）。由此，他在最后的《精神分析纲要》中所暗示的普遍分裂的视角被打开了。 Fairbairn 和 Klein 将其扩展为防御机制本身，主要针对客体的分裂，并因此导致自我的分裂——他们认为这种机制是精神病理学和正常心智构造的基础。应该强调的是，在 Freud 和后面两位作者的观点中，自我分裂本身仍然是防御性运作的结果。在此之前，它基本上是一种心理内部现象。Baranger 等人扩展了这个概念，也探讨了分析场域的现象，即分析配对。换句话说，他们把它扩大到一个主体间性的维度（我想说，也是跨主体的维度），这再次出现在病理学（壁垒）和精神分析洞察的特征性过程中。

简而言之，我们可以说，对于本文中回顾的作者来说，自我的分裂本身总是防御性过程的结果，无论它们是针对外部现实的碎片（拒认），针对一些内部本能的需求（压抑），还是与内部或外部客体有关（Fairbairn 和 Klein 论及的分裂）。“结果，” 正如 Freud（1940a[1938]）[204] 所说，“总是存在于两种相反的态度中……”——也就是说，存在于自我的分裂中。在我看来，正是在这个意义上，我们可以讨论普遍分裂的概念。

这并不妨碍下面的最后一个一般性阐释。任何防御过程的最终结果总是一种或另一种形式的分裂，因此，也是在心智的各个部分之间的分离。有不同的方式可以实现这种分裂，也可能导致不同结果。这种分裂和分离甚至可能构成这种进程的最终目标。也有可能，心智本身只能通过结构和内容之间的功能划分和分离来构建自身并获得可操作性。在以上提到的所有这些例子中，分离的结构或内容都持续存在，所有这些都具有心理效力，需要后续的心智工作。在心理发展的初期，这种分裂是通过一种主动的、直接的客体分裂，以及由此产生自我分裂的机制来实现的。由此产生的内容的痛苦部分将在幻想中遭受“全能湮灭过程”的行动，或者被驱逐出心智（排除、投射性认同）。被接受的内容反过来也可以被理想化。

在后来的发展中，这种分裂将发生在功能上已经彼此分离的结构或心理系统之间或是内部，每一个都在内部更有组织。此外，它还可以通过中介性的、间接的（不直接通过分裂）和心理上更精妙的过程来实现，这些过程针对内部内容或对外部世界的知觉。由此产生的内容，可以停留在自我内部，可以被排斥到潜意识中，也可以再次被驱逐到外部（投射）。

当被保存在自我内部时，两个冲突的部分可以保持察觉和有效（严格意义上的自我分裂）。但是，在这种情况下，这种分离也可以归功于与心智其余部分或相关情感相联系的思想或行为隔离（*Isolierung*）（Freud，1926d［1925］），甚至是通过否定（*Verneinung*）从潜意识中返回的内容这一逻辑过程来实现的（Freud，1925h）。

在一种特殊的形式中，分裂将是主体的正常起源，如同自我反思能力的发展一样。后一种情况，是精神分析洞察力的必要（虽然不是充分）条件，似乎主要涉及自我的分裂。

这些不同形式和水平的精神分裂也发生在主体内部或跨主体领域。

这些阐释（就像本文提出的所有其他考虑一样）只是对 Freud 在他最后的著作中开辟的、他越来越感兴趣的、具有挑战性的研究路线的出发点的简单建议：在对防御的一般理论的回顾中，更具体地说，在对普遍分裂理论的观点回顾中，相应的元心理学解释仍有待发展。

自我的分裂和性倒错

路易丝·卡里尼昂（Louise Carignan）[1]

Freud 关于性倒错的观点经历了连续的发展阶段。在《性学三论》（*Three Essays*）（1905d）中，他认为性倒错是童年时期未被驯服的部分或“前性器期”（pregenital）性行为在成年生活中的延续，以牺牲成人性行为为代价。性倒错与神经症相对，神经症中这些前性器期冲动或倒错冲动已经被审查。然而，到了 20 世纪 20 年代，他改变了自己的观点，将性倒错视为退行的防御形式，与俄狄浦斯情结有关（Freud，1919e）。最后，在他后期关于恋物癖和防御过程中的自我分裂的著作中（Freud，1927e，1940a [1938]，1940e [1938]），他描述了拒认——这种机制允许恋物癖者保持“母亲有阴茎”的信念并否定知觉现实，同时承认性别差异的事实并从中得出正确的结论。对女性阉割的拒认保护了恋物癖者，使他不必恐惧于失去自己的阴茎。他不像精神病患者那样对女性阴茎的缺失产生幻觉，而是将阴茎的重要性或价值转移到女性身体的另一部分或另一种被称为恋物的客体上，然后使女性成为可被接受的性客体。Freud 指出在否认中起作用的、处理现实的“巧妙”方式，两种矛盾的态度共存而不相互影响，然而，这是以自我的裂缝为代价的，这种裂缝会随着时间的推移而持续存在或增加。

随着发现前俄狄浦斯因素的重要性，以及早期创伤、攻击性、复仇冲动和超我缺陷在性倒错中所起的核心作用，我们对性倒错的理解自 Freud 的最

---

[1] Louise Carignan 是加拿大精神分析学会的成员，也是加拿大精神分析研究院的培训和督导分析师。她目前是《加拿大精神分析杂志》（*The Canadian Journal of Psychoanalysis*）的副主编。她曾任 QE－渥太华精神分析研究院院长和渥太华精神分析学会主席。她在加拿大渥太华执业。

初构想以来不断发展（Gillespie，1956；Greenacre，1953；Stoller，1975）。此外，大量的性倒错行为、场景，或恋物癖的对象已经被描述，且认识到性倒错通常包括多种倒错元素（恋物癖、施虐受虐狂、暴露狂和偷窥狂）的组合，这导致该领域的工作人员从根据性行为来描述倒错，转向从防御组织、心理策略、机制，或者关系形式的角度对性倒错进行概念化。法国学派 Stoller（1975）、Khan（1979）、Etchegoyen（1978，1991）和 Steiner（1993）的构想，都属于这种更新的方法。

拒认在法国分析家 Auragnier （1967）、McDougall（1972，1986）和 Chasseguet-Smirgel（1981，1984）的表述中占据了中心位置，他们试图定义明显的性倒错背后的心理结构。他们扩展了 Freud 的关于恋物癖中对阉割的拒认的概念，包括对性和代际差异以及他性（otherness）的拒认。McDougall 提出，看到女性生殖器对“未来的性倒错者”来说是可怕的，这不仅是因为对阉割的恐惧，还因为这要求他承认父亲在父母之间的性器关系中的角色，从而放弃他的全能幻想（即自己作为母亲唯一的渴望对象）。他不愿放弃对母亲的全能掌控，无法容忍自己被排斥在父母的性器关系之外，也无法通过俄狄浦斯情结来克服这一过程所带来的恐惧和屈辱，他否认了性器期的原初场景，用另一种性场景来替代。这一新的场景将性器期的原初场景缩减为前性器期的场景，在这个场景中，性别和代际之间的差异被废除。Chasseguet-Smirgel 在阐述“性倒错式解决方案”时强调了肛欲性-施虐退行的作用。

Khan（1979）暗示了一种早期依恋关系的紊乱，母亲无法提供一个“足够好的”抱持环境，把她的婴-孩视为自己的“创造物”（thing-creation），而不是把他作为一个有自己权利的新人来对待。这导致他不能发展出过渡性客体和现象，以在内在现实和外在现实之间提供一个临时的、不断进化的幻觉区域，并促进象征化和与实际母亲的分离（Winnicott，1951，1960）。相反，它转向了与人类和非人客体或恋物的倒错关系（Winnicott，1965）。虽然过渡客体和恋物都是道具，它们的存在使当前的焦虑情境处于个体的虚幻控制下，但过渡客体的使用有助于心理分化，而恋物的使用则似乎是一种固化（成瘾）的解决方案，必须被强迫性地重复（Greenacre，

1969，1970）。性倒错中对性和代际差异以及他性的拒认，通过允许个体规避对俄狄浦斯情境和抑郁位相的修通，阻碍了心理的成长（Chasseguet-Smirgel，1981，1984；McDougall，1986）。与形成幻想的心理空间的“结构性拒认”不同❶，人们发现了与自我分裂相关的病理性拒认（Britton，1995；Casas de Pereda，1997）。

Etchegoyen（1978，1991）提出，性倒错患者在分析中再现了一种特殊类型的关系，从而可以创造和解决移情倒错。他部分受到了 Joseph（1971）的一个早期经典案例研究的启发，该案例展示了一个橡胶恋物癖者是如何在分析中活现他的倒错，以及只有当她能在移情中探明橡胶恋物癖的主要方面时，他才能开始得到令人满意的帮助。Joseph 强调她的病人通过给予令人兴奋的施虐性伪诠释来激发她付诸行动，这导致了一种沉默或隐藏的、施受虐性的色情化移情——这不仅是一种防御，来试图释放自己的冲动和痛苦的感觉，并从情感接触中撤退，也是对分析师的攻击，并试图通过性化来扭曲移情。事实上，在临床报告中发现的一个常见现象是病人施压于精神分析师，使之成为倒错活现的伴侣或同谋，制造治疗僵局或失败的危险始终存在（Baker，1994；Chasseguet-Smirgel，1981；Clavreul，1967；McDougall，1978）。Etchegoyen（1991）和 Ogden（1996）指出，对性倒错的分析必然涉及对倒错性移情-反移情的阐述和分析。

Khan 强调了性倒错中与伴侣的关联性的质量。他的观察对于把握在倒错移情中起作用的关联性的本质很重要。他的主要论点是“性倒错者在他的欲望和他的同谋之间放置了一个非人客体：这个客体可以是一个刻板的幻想，一个小玩意或色情意象。这三种方式都使倒错者疏远了他自己，就像，唉，疏远了他渴望的客体一样”（1979）[9]。伴侣被去人格化，并在性倒错中占据了一个中介位置：他一方面被接受为独立的，但另一方面又被视为一个主观性客体。Khan 认为倒错的伴侣具有过渡性客体的价值，但更准确的说法可能是将他描述为恋物-客体（Carignan，2003，2005）。他对“亲密的技

❶ Freud（1911b）提出，随着现实原则的引入，一种思维活动被“分裂”出来。它不受现实检验的影响，只受快乐原则的支配。“这种活动是幻想，在儿童游戏中就已经开始了，后来，作为白日梦继续下去，放弃了对现实客体的依赖。”在后来的《精神分析纲要》中，他在心理结构中分配出了否认的位置，它和童年期压抑在一起（1940a [1938]）[204]。

巧”[1] 的自相矛盾的表达抓住了性倒错是如何试图在亲密的同时对其进行防御的。

下面的临床材料描述了治疗一个明显的双性恋男子的倒错移情的头四年的过程。在他的整个婚姻中，这位患者一直保持着一种“秘密”的同性恋生活，包括在桑拿房或公共厕所的强迫性的和匿名的邂逅。在移情过程中，他重新活现了以前和妻子一起过着“双重生活”的模式，他对自己同性恋邂逅的保密成为长期移情-反移情接触的核心。

病人表现出自我分裂的迹象，一方面是半神经症性（而非强迫性的）部分，另一方面是创造“新-性欲”的部分（McDougall，1986），以保存全能的幻想，否认痛苦、不想要或有威胁的觉察。他的超我态度也是分裂的：一面相当注重道德，坚持传统的家庭价值观，另一面是理想化的施虐和对性障碍和禁忌的颠覆。他在移情内外的倒错[2]式付诸行动中形成了一个复杂的、色情化的防御/修复/复仇策略，以允许对他感知到的对个人或性身份认同的威胁，进行拒认和魔幻性逆转。

临床材料[3]

病人是一个 40 多岁的男性，我称之为 Albert，他认为双性恋认同是他寻求分析的原因。在长达 20 年的婚姻中，他一直在公共厕所或浴室进行强迫性的匿名同性恋关系。他认为自己的同性恋行为与他抵御妻子控制的需要有关。她最终因为他的同性恋要求离婚。他觉得她背叛了他，从那以后他就无法继续自己的生活。他在自己以前和妻子之间的困难中看到了自己早年对

---

[1] 这个表达被 Khan（1979）用来描述性倒错者创造情绪氛围的才能，在这种氛围中，另一个人被引诱并自愿被迫成为活现他性倒错幻想的同谋。Khan 认为，性倒错伴侣是通过操纵、游戏、虚构和全能控制（暗含投射性认同）来扮演他的角色的。他强调了倒错付诸行动的重要作用，将被动的创伤性内部心理状态转化为主动的、自我导向的“游戏-行动的客体关系”，这一观点与 Stoller 的观点很接近。

[2] “倒错的”和“性倒错”这两个词被用来指病人的性行为的功能和对性伴侣攻击性的去人格化。

[3] 这个案例最初由 Carignan（1999）发表了更详细的内容。

母亲的反抗——他不顺从母亲的意志，拒绝成为“她的东西”（他自己的话）。在经历了童年时期的暴戾和公然反抗之后，他与母亲的斗争转向更加消极和自我挫败的方式，比如，他从她违背自己意愿送他去的寄宿学校打电话给她，带着复仇的喜悦宣布，他这一学年没及格。

据说，他的母亲告诉他，她在生下他后才“发现了爱”。她放弃了自己的事业来照顾他。在他的记忆中，母亲是一个焦虑而专横的女人，他和母亲在一起没有任何舒适或快乐的地方，只有他对被她“碾压”的持续抗争。Albert 总能察觉母亲暗地里瞧不起男人。他的父亲是一个明显的例外，只是因为她完全控制了他，把他变成了金钱和精子（仅用于生育）的提供者。事实上，他的父亲已经成功晋升为一家大公司的董事。然而，在家里，他一直是一个遥远而中立的旁观者，当母亲无计可施的时候，他偶尔会被叫来管教孩子们。在感情上，他对 Albert 来说是一个陌生人，Albert 看不起他的父亲。

他说自己一直很拘谨，直到十几岁时才对性行为有所了解。他在青春期第一次勃起是在他不小心被一些运动器材划伤阴茎后不久。这道浅浅的伤口流血了。他回忆说，他感觉自己的勃起不正常，把它们与这次受伤联系起来，为此感到非常紧张。19 岁时因为觉得自己的性生活不正常，他主动咨询了一位男性治疗师。在六个月的治疗中，他有了他的第一次同性恋体验，并退出了治疗。

Albert 唯一的手足，比他小三岁的弟弟，几年前和一个同性伴侣订了婚。 Albert 不“相信出柜”，他发现弟弟公开的同性恋行为令人反感，因为“他认为他的同性恋关系等同于异性恋关系，这是对异性恋的嘲弄”。当我对他对待同性恋的态度中隐含的矛盾表示困惑时，Albert 反驳说，他的同性恋恰恰是有价值的，因为它是一种“越界”。

他觉得自己只对男性有性吸引力，当他后来的妻子尽管知道他以前的同性恋关系，仍追求他时，他大吃一惊。他描述了自己在二三十岁时“无拘无束的性行为”。配偶双方都有婚外情（他的大部分是同性恋，但不完全是同性恋），他们还与一个男人有过短暂的“三人行”（*ménage à trois*）。他的妻子，很可能是由于她后来在婚姻中接受分析，最终变得无法容忍他的同性恋不忠行为。尽管已经分居数年，他似乎仍然和她保持相当的联系，但他与她关联的方式却非常疏远和被动。自从离婚后，他一直感到茫然。

开端阶段

治疗初期，他公开表示，他对 Sade 的《索多玛一百二十天》（*One Hundred and Twenty Days of Sodom*）很着迷，对 Bosch 画作中描绘的酷刑很着迷，对选择在地狱中被烤而不向道德权威投降、不思悔改的 Don Juan 很钦佩。在我看来，他的宣言只是一种开场白，他在其中展示了自己性倒错的一面，以及他决心通过自我毁灭而不是屈服来获得胜利。我告诉他我的印象，他觉得分析构成了向我投降的威胁，他似乎下定决心必要时可以通过自我毁灭的手段来克服这一危险。他的回应暗指女性的碾压式力量。随后，他试图确定我对同性恋的看法，同样地（*pari passu*），试图确定我对治疗他的兴趣的本质。在仔细研究了天主教会最近对同性恋的立场后，他嘲笑我说，在这个问题上分析的中立性被定义为“不道德的”。他认为一名分析师同意治疗一名同性恋朋友，并理解他的朋友不希望改变他的性取向，这意味着该分析师已经“投降”。

我觉得他在试图操纵我，让我禁止他的同性恋，否则我会因为像“另一个分析师”一样没有骨气、容易被欺骗而成为被蔑视的对象。一场没完没了的肛欲斗争或僵局很快就会产生。我告诉他我的想法，他还不了解我，正在试探我，看我是像他母亲那样盛气凌人、道貌岸然，还是像他父亲那样软弱或是冷淡，但他最担心的可能是，我可能不是真正关心如何治疗他。他的回应是，他的前任分析师没有对错过的治疗收费，他觉得这很软弱，而且过于妥协。

头两年以蜗牛的速度发展。在偶尔有成果的会谈中取得的进展随后似乎化为“乌有”。我明显难以集中注意力，在治疗中经常被强烈的困倦或瞌睡笼罩，我担心分析陷入停顿，会失败。注意到我的反移情（尤其是注意力不集中和困倦的干扰），我把干预的重点放在阐明他是如何在治疗中以空洞的合作为掩护，“麻醉”痛苦的感觉，躲进他的壳里，让自己变得不可接近。

他的丝毫放松警惕或前进都会引起他对靠近我或需要我的恐惧，从而使他暴露在危险之中，危险是：我欺骗地利用亲密，微妙地把他塑造成我的“东西”或“小圣人”（就像他的母亲所做的那样）。最终，我们有可能识别并公开他的消极和抵消行为中暗藏的敌意和挑衅成分，以及后来通过使治疗失败来击败我的嫉羡和报复意图。

中间阶段

到了第二年年底，Albert 的自恋退缩和死气沉沉的感觉明显减轻了。我知道他很少提及与男性的性接触，而且总是含糊其词。我（过分地）关注于我对他“隐藏”的同性恋行为一无所知。我主导的感觉是，他经常有同性恋的接触，而且不让我知道，尽管我有时认为他的性生活是不存在的，因为他也从来没有提到过任何异性恋关系。有时，我在想，他的同性恋身份是否完全被分裂出去了，以至于不能被纳入治疗情境。从他零散的、零星的暗示中，我逐渐整理出一个模糊的心理拼图——公共厕所里“肮脏的”匿名性行为、“纯粹的性释放”、被捆绑和肛交的色情场景等等。他偶尔讲述自己的同性恋生活轶事，他对自己的描述，即使不是施虐性或侮辱性的伴侣，也是主导性的伴侣。他的交往没有人情味，他的伴侣是可以互换的，是非人的肛门用品，或者是用过即弃的“东西”。他说他拒绝了一名渴望进一步接触的追求者，告诉他自己的床上没有“渣滓”，还把尿撒到另一名男子的嘴里。当他的妻子坚持要他放弃他的同性恋不忠行为时，他随后停止了和她的性生活，据此我理解他觉得自己被阉割了。这些考量最终让我问他，他对自己的同性恋身份的含糊不清是否因为需要对一种“隐藏的力量来源”保密（当时我的想法是，他在移情中对我隐藏了一个肛欲阳具）。他不理我，说他从来没有想过自己是同性恋。

父亲意象

然而，大约一周后，他报告了这样一个梦：

在见一位女性客户之前，我在办公室里有五分钟时间冷静地看报纸。当客户来的时候，她说我给她的一份文件可能少了或错了什么。我告诉她我下楼去看看，以防万一。楼下有一家商店，我在那里买了一个巨大的白巧克力的圣诞老人，圣诞老人背后拿着一根曲棍球棒，还有一块奶酪。我走到街上。到处都是雪山，我必须四处走动。为了增强体力，我咬了一口圣诞老人身上的巧克力曲棍球棒。那一刻，我发现自己面对的是一只黑色的拉布拉多狗，尾巴缺了一部分。它看起来半死不活，好像还没有完全活过来。我想我必须回办公室去见这个在等我的客户。我们谈到了我还给她的那份文件。我对她使用的术语不满意。

此前一周，他处理了一个棘手的客户，一个“愤怒的女权主义者”，她坚持要改变使用一般是男性形式的标准术语，而要在文件中加入女性形式。他对她的“政治正确的恐怖主义”感到愤怒，想办法在不引起情绪爆发的情况下保持自己的立场。这只黑色的拉布拉多犬属于一位律师，在他离开几个月后，我（从同一栋楼顶层的另一间办公室）搬进了他的办公室。Albert在去我以前办公室的路上，经常看这位律师，觉得他很可爱，特别有魅力，而且很有男子气概。他想，如果能成为他的狗也会很愉快的，它看起来很满足，而且受到很好的照顾（这位律师把狗养在办公室里）。他把咬圣诞老人身上的巧克力曲棍球棒与他需要在去面对梦里的客户之前融入一些男性力量，以及需要在做治疗之前去看那个律师（他的办公室在一楼）联系在一起。我说，听起来好像他在见我之前吸收了这个律师提供的一种强化的男子气概。我问他，这位律师是不是意味着一个滋养的父亲之类。他回答说，他有时把律师当作一种理想的父亲，问我他怎么样了。

当我把知道的一点点情况告诉他时，我突然真切地感觉到我现在所在的律师办公室里没有人了：想到那位被迫离开的律师，我感觉办公室里空荡荡的。我和 Albert 分享了我的感觉，我们都在谈论一个缺席的人，他的缺席此刻似乎“在空中”。他陷入悲伤的沉默（这对他来说很不寻常），回忆起一个特别可怕的夜晚，全家不得不撤离家园，而这时父亲不在。他记得那时他非常想念父亲。这对他产生了深远的影响。这打开了一扇门，让他逐渐恢复对一个更体贴、更多给予保护、更有能力的父亲的记忆。他曾试图吸引他，但由于 Albert 与母亲的占有欲共谋，他主动被排除在外，失去了资格，并早在儿子青春期之前就屈服了。

保密……以及其他倒错的活现

我越来越困扰，怀疑他隐瞒自己的同性恋生活，把分析变成一场骗局（我后来得知，从分析开始以来，他每周都要去桑拿浴很多次）。有一次我问他，如果他从不谈论自己的性，他认为我能帮上什么忙。他被这个问题吓了一跳。我们渐渐明白，在移情中，他是在重建对“与否认他性欲的母亲的共谋关系”的幻觉：在他的心目中，他只看到并向我展示了母亲希望他成为的珍贵的、被动的、无性的孩子的（虚假）形象。

随后，在我提前通知取消了前一周的最后一节治疗后的周一，Albert（第一次）报告说，他周末在公共澡堂里泡上了两个男人。他没有透露细节，但说他当时想：“要是 C 医生能看到我就好了！”当我问他如果我看到他，他认为我会有什么感觉，或者这与我取消治疗是否有关时，他没有回答。周二的治疗中他无聊地列举了不能谈论同性恋邂逅的所有原因。周三他带来的一个梦使我能够诠释他想拖延分析，用没完没了地重复毫无意义的话、像嗡嗡作响的蜜蜂一样，来挫败我的愿望：

我正在你的办公室接受治疗。你让我看地上的一幅画。画上写着什么，我必须重复一遍：“即使我说了很多，我也没有什么可以告诉你的。”这句话被写了多少遍，我就重复多少遍。我觉得我还会继续不断重复，就像永动机。因为我没有注意这幅画，你让我更仔细地看。你想让我看到的东西出现了。这是一幅有三个男人和一个女人的壁画。男人们勃起了，并且非常兴奋。不清楚这名女子是否也感到兴奋。

那幅有三个男人和一个女人的壁画让我想起他还没有告诉我他在浴室里对那些男人做了什么。他认为那个女人可能是我。他担心我会因为他和两个男人发生性关系而觉得他很恶心。“为什么是两个男人呢？”我问道。他回答说，三人行比二人行风险要小——更不容易陷入亲密关系。他感觉到我是出于窥阴癖而探究同性恋情节，当这变得很明显时，我向他指出，在他自己的视角下，他是如何通过暗示来挑逗我，之后却挫败我，把我排除在外。我说他似乎恶意地以戏弄我为乐，说“我有一个性倒错行为，但我要保守这个秘密”。他回忆说，对他的妻子，他也曾暗示但隐瞒他的同性恋行为，他反思说，通过在男人面前背叛她，他以一种使她无法在性方面竞争的方式排斥她。他开始一点一点地透露自己隐瞒了两年多的同性恋行为。

随着时间的推移，事情变得越来越清楚，尽管他一方面显然接受了分析情境的约束，但另一方面却没有（不能）接受。然后，他退回到性倒错的活现中，经常伴随着同性恋付诸行动，作为对经历痛苦的情绪状态的一种防御，并包含神奇的修复、撤销、反转和胜利的元素。接下来的故事发生在治疗的第四年，在修通恶性的母性移情，以及对他的防御性阳具女性幻想的分析逐渐使他体验到我的性吸引之后，在周一的治疗开始时，他讲述了一个周末的梦，梦里他躺在床上，旁边有一个女人，她的脸上凝缩着他母亲和我的特征。他讲述了自己在周六遇到了一个年轻的法国男人，这个男人的口音让他想起了我，他邀请这个男人在他的公寓里发生性关系；他说在整个性接触过程中，我一直在他的脑海中，仿佛他能看见我在看他（目光是不确定的）。Albert 还看到了年轻时的自己，大约和他结婚时的年龄相仿，他说同性恋生活从那时起就失去了一些吸引力。

第二天他报告了这个梦：

有天晚上，有很多客人，我住在我前妻的一所又大又漂亮的房子里。一位客人问我是否喜欢住在这所房子里。当着所有人的面，我宣称我对这所房子完全无动于衷。客人中有个年轻人，他全身赤裸，只系一条挂着几个酒瓶的腰带，充当流动酒吧。他有一种淫荡的、令人担忧的样子，像个色狼。似乎没有其他人注意到他。他不守规矩，有酒神般的外表，看起来像羊群中的狼。

他对前妻房子的评论使他想起了他以前对他们家漠不关心的表现。他的态度，他的玩世不恭，有意使人震惊。那个色狼长得很像 Pasolini 的电影《提奥雷马》（Teorema）中的年轻人，他把自己引入一个家庭，导致这个家庭衰败。母亲爱上了他，他成为儿子同性恋的催化剂，和女儿上床，把父亲逼到疯狂的边缘。那个色狼放荡的外表与女客人的循规蹈矩形成鲜明的对比，让女性扮演了秩序守护者的角色。他说他害怕和前妻走得更近（他们最近刚刚重归于好）。他感觉想逃跑。他母亲的规矩是一种令人窒息的枷锁，她把他父亲变成了一个奴隶。

A.*：你似乎觉得你母亲阉割了你父亲。我觉得你还担心我让你遵守我的准则，这也许还会让你放弃同性恋，那感觉就像是一种阉割。我认为你梦中的色狼代表了你想要颠覆一个过程的一面，你把这个过程解释为一项事业，其目的是让你服从。

P.**：我害怕被阉割。我不会让自己被阉割的。Pasolini 过着放荡的生活，直到去世……他反抗社会，但也反对同性恋游说团体的因循守旧。他觉得他们令人作呕。他很清楚同性恋正变得“政治正确”。

A.：失去了一些颠覆性的冲击力?

P.：他认为同性恋是终极的反叛。在某种程度上，我确实觉得如果我解决了我的同性恋问题，我就会陷入贞洁***。我有两面——我想找到一些平静，但我也有一个强烈的意志，要违抗对我的期望。我有强烈的不随大流的意愿，我好像会失去我的灵魂。

A.：我认为你也害怕失去你的“男性灵魂”，你觉得同性恋关系为你提供了通向男子气概的重要纽带。

P.：这倒是真的……但是（纠正我的解释）我也认为我对女人有欲望比对男人有欲望更困难。如果女人的欲望很明显，我可以回应。我是被动

---

* 指分析师，下同。——译者注。

** 指患者，下同。——译者注。

*** 指变成母亲希望他成为的无性欲的孩子形象。——译者注。

的，我需要被追求。男人都这样——我拥有那个男人。这让我想起了你说的“性化”……（他变得沉默）

A.：你“拥有那个男人”，然而，当我说你把我们的关系性化时，也许你觉得被拒绝？（我记得在一周前的一次会谈上，他表示害怕在治疗中勃起，并说他通常不谈论性，他只是“做”，然后我笨拙地使用了这个专业术语。）

P.：我觉得你在责备我是一个有性欲的存在，能对女人有欲望。也许我想让你知道我不是无性的。（治疗结束）

直到那节治疗快结束时，我才意识到这最后时刻的活现是如何被我前一周的疏离评论触发的（回想起来，我认为那是对他的乱伦愿望/恐惧的一种反移情反应，也是对他恐惧自己勃起的认同）。Albert 对那个法国男人的性行为使他能够反转受伤和被拒绝的感觉，通过他的伴侣修复他的身体意象，对其进行全能控制（“我拥有那个男人”），并反过来排斥我［正如他在梦中宣称对妻子的房子（身体）漠不关心］。他关于色狼的梦揭示了他的潜在愿望：颠覆性和代际界限，获得无限的口欲补给（色狼充当流动酒吧）。

家庭动力和早期创伤的作用

在与母亲的关系中经历的创伤、她的秘密信息和态度的影响，以及家庭动力的影响似乎是这个案例的重要因素。父亲的不合格和退缩，加上母亲对他的男子气概和性欲的否定反应，给 Albert 留下了一种不稳定的男性身体意象，表现为他在青春期很难勃起（Greenacre，1953）。这是在他与母亲的关系不断困扰他的背景下发生的。他以自己的个人身份认同和性身份为代价，充当被她珍视但无助的恋物对象或“东西”，这些时刻累积起来，构成了一个核心创伤。他对过去与她在一起的创伤经历的固着、逃避以及逆转和胜利的渴望是他心理病理的核心元素，这些元素也在移情中重现。

他与妻子建立了一种深深依赖但又矛盾的关系，同时保持着“秘密”的同性恋生活，异性恋和同性恋关系之间复杂的相互作用使他能够维持一些异性恋功能，并通过与性伴侣的倒错样付诸行动抵消任何伴随的威胁、挫折或受伤感。

同性恋伴侣代表的是自恋的替身，他们通过一种“亲密技巧”来被诱导投降，而他仍然在掌控。性行为包括口交、互相手淫，以及（较少见的）肛交和施受虐行为。他说，“同性恋桑拿房迎合了‘阴茎崇拜’”，而那个男人勃起的阴茎、勃起的大小，以及他对患者自身勃起的兴奋的欣赏，是他们融洽关系的核心要素，为自恋地恢复他的身体意象，特别是他阴茎的缺陷意象提供了视觉和感官支持。他不希望与他的匿名伴侣发展感情或者亲密关系，这些人被缩减为“东西”，事后被抛弃。在这些经历中，他过去与母亲的创伤关系的元素被清晰地再现和主宰（Stoller，1975）。他作为母亲恋物对象的被动童年经历现在不仅被置于他的控制之下，并被施加于他的伴侣，而且它也成为一种色情满足的来源，从而成为战胜她对他男子气概的攻击的一种手段，尤其是考虑到由同性恋替身的实际存在确保的阴茎意象的自恋强化。

倒错性移情-反移情

投入分析或在分析中改变的前景从一开始就对 Albert 构成了极大的威胁，因为它唤起了一种对分析师的情感投降，让人想起他屈从于早期照顾者的意志，成为他者的去人格化的“东西”，导致了个人身份认同和性身份的痛苦丧失。因此，他通过破坏内省力暗中颠覆了分析工作，并将其转变为色情化的施受虐斗争，在两年多的时间里将自己的同性恋行为封闭起来，保持这一诱人的秘密，而僵局的威胁始终存在。他对分析过程的曲解因此形成了对改变的持续的负性治疗反应。

倒错性移情活现通常是暗中发生的，最初或主要是通过莫名不安的反移情感受，被欺骗、被激怒、被操纵去扮演一个角色的感觉，或某种程度的诱导性兴奋而被发现。当移情的重新激活或分析的约束引起无法忍受的情绪反应时，一些活现就会如期发生，而且一个更持久的倒错性移情-反移情卷入是由他对自己的同性恋生活的保密造成的。这些都是防御演习，使他能够摆脱分析所激起的难以忍受的感情，其中包含复仇、魔幻性修复和胜利的成分。它们的核心是需要在他的倒错场景中将分析师作为一个伙伴（一种傀儡），以战胜他对由屈从她、成为她的“东西”而导致的身份认同和性身份湮灭的恐惧。倒错付诸行动似乎从其婴儿期的根源中获得了一些自主权，就像一个“现成”的解决方案一样运作，以抵御任何情绪干扰。分析的任务变得更加清晰：探测发生在移情内外的解离付诸行动，并将其与分析关系的变迁联系起来，从而帮助他在分析对话中阐述情感体验。

心理变化

在我看来，对倒错移情的发现和工作是使他的分析向前推进的一个主要因素，并最终使整合他内在的心理分裂、放弃倒错性行为的付诸行动成为可能。在治疗的第五年，他接受了艾滋病检测，结果为阴性，并在之后放弃了匿名的同性恋活动。

父亲被排除在分析阶段之外（分析主要聚焦前俄狄浦斯期的母亲），直到在那节分析中我和病人分享我对律师/父亲缺席的失落感。这让他承认了之前被否认的对父亲的依恋，并恢复了对一个更有爱心和能力的父亲的记忆，重新打开了一条通往男性发展的道路，这条道路曾因他服从于母亲的占有欲和她对父亲的否定并与之共谋而被阻碍。在移情中，接触“第二客体”也促进了他从创伤性的前俄狄浦斯期母亲的轨道中解脱出来，这演变出一种更能公开承认的依赖和对我的喜爱。

结论

性倒错理论的发展显然受制于整个精神分析理论的发展。Freud 晚期关于性倒错中的拒认和自我的分裂的构想至今仍然有效，但性倒错的核心似乎越来越被理解为一种对与有差别的他者的亲密关系的防御，而不是对阉割焦虑的防御（Carignan，1999；Parsons，2000；Stein，2005）。伴侣的“他性”或“人格”被否认。因此，性倒错作为一种强大的、侵略性的性化自恋性防御，不可避免地会找到它进入移情的方式。

分裂和心身学：第三地形学[1]

鲁宾·朱克菲尔德（Rubén Zukerfeld）[2]

"我认为分裂是一种基本的心理活动，因为正是它导致了分化。"

André Green，1998

1. Freud 的逻辑：从病理性到普遍性

Roussillon（2007）说："必然有可能将自我的分裂概念从恋物癖的简单临床概念中移开，它将因此被赋予更高的理论地位。"这一说法是基于对边缘状态的精神分析研究，这一研究也被 Green（1975）进一步开展，他强调被称为"分裂"或"裂解"的精神操作的结构价值。他指出，"在压抑中，作

[1] 感谢 Raquel Zonis-Zukerfeld、Beatriz Godoy 和 Sol Szuchman。

[2] Rubén Zukerfeld 毕业于布宜诺斯艾利斯大学医学专业。他是阿根廷精神分析协会（APA）的正式会员；也是阿根廷精神分析学会（SAP）的创始成员，在那里他是培训学院的主任；他目前是一名培训分析师。作为布宜诺斯艾利斯心身研究所的创始人，他在心身领域获得了宝贵的精神分析经验。他目前是法瓦洛罗大学（Favaloro University）心理神经免疫内分泌学硕士项目的教授，也是萨尔瓦多大学（University of Salvador）精神分析硕士项目的教授。他对元心理学、跨学科和系统研究的兴趣体现在许多出版物以及与妻子 Raquel Zonis Zukerfeld 合著的两本书中，它们是：《精神分析、第三地形学和躯体脆弱性》（*Psicoándlisis*，*tercera tópica y vulnerabilidad somática*）和《第三级过程：从脆弱性到弹性》（*Procesos terciarios*. *De la vulnerableidad a la resiliencia*）。2002 年，他在蒙得维的亚发表的论文《第三级过程》（Tertiary Process）获得 FEPAL 奖，2004 年在新奥尔良发表的论文《精神分析态度中的希望和决定论：一些理论偏见的实证研究》（Hope and Determinism in the Psychoanalytic Attitude：An Empirical Research on Some Theoretical Prejudices）获得 IPA 精神分析研究特殊贡献奖。

为现实代表的自我与作为快乐代表的驱力需求之间的关系是垂直的……在分裂中这种关系是水平的。自我和驱力需求在同一心理空间中共存”。这些陈述表明，存在着从边缘性病理学出发构建整体心理功能概念的趋势。

本文的观点是基于“作者的逻辑”对 Freud（1927e，1933a［1932］，1940e［1938］）提出的分裂所进行的思考，这显然是他工作中的经典序列：对一个可观察到的心理病理现象进行临床表征，对其他可观察到的心理病理现象进行表征，最后，将可观察到的现象定性为心理功能的普遍特征。压抑，首先是女性癔症的防御机制；其次是强迫性神经症和恐惧症的防御机制；最后它也是一个普遍的结构化机制。我们认为这也发生在分裂中。这里的顺序是：恋物癖的防御机制、精神病的防御机制、神经症的习惯性机制——一个普遍的机制？

这不是让 Freud 说出他没有说过的话，而是一个评价典型的 Freud 式的修正和发展风格的问题——从临床实践（例如，恋物癖、精神病），走向第一个理论，然后是遗作、未完成的第二个理论；他指出分裂“值得如此重视，是因为它不仅在类似神经症的状态中得到证实，而且最终也在神经症中得到证实”（Freud，1940a［1938］）。以病理为出发点来探索人类和普遍问题是符合逻辑的；此外，众所周知，Freud 正是从梦的理论，开始了对常态的研究，其中被压抑的潜意识是习惯性日常生活的一部分。现在浮现的问题是，分裂是否也是日常生活的一部分，而不仅仅是不同精神分析思潮所描述的防御机制。事实上，英国学派所描述的原始防御机制——分裂样机制——具有建构价值，但它们是从心理病理学的角度来呈现的，就像发生在与分裂和创伤[1]相关的拒认机制中一样。

然而，应该考虑到，Freud 的概念已经被理解为记忆的动机理论，从压抑规则下的动力性潜意识运作开始。但如今，记忆的经典概念——将其视为不同的、可分离的系统，其中一些是显性的或陈述性的（语义和情景），另一些是隐性的（程序、情绪、启动效应）——已经转变成由压抑导致的单一潜意识系统的同质概念，这是有问题的。正如 Pally（1998）所指出的那

[1] 这同样适用于“人格的精神病部分”这一经典概念。

样，神经科学非常清楚地认识到，存在一个情绪处理的双重回路，它由一个经过大脑皮层并涉及海马体的回路和另一个经过杏仁核的回路组成，能够产生情绪反应，但不能有意识地回忆它们（情绪记忆）。Bucci（2001）在多重编码理论中确认，“在整个正常的、理性的成年生活中，一个亚符号化的、系统化的、有组织的过程，与符号化系统一起运作”。

另外，对潜意识的精神分析理论最严重的批评来自认知神经科学，其指出“认知潜意识[1]的存在并没有明确支持 Freud 的精神分析潜意识的存在，甚至对此提出了一些质疑”（Grünbaum，2007）。但是心智的认知理论也从串联的计算性概念发展到并联的连接性概念。经过对程序性记忆的广泛研究，这一观点得到了广泛的支持。正如 Díaz Benjumea（2002）所指出的，“我们现在看到，有一个完整的心理功能区域是通过记忆本身的自动性而发挥作用的，而不是由任何动机引起的”。不过，她补充道：

> 一些作者主张需要用一种“双重层面”来解释亚符号过程，这些过程一方面是以连接系统为特征的，而需要用另一种“功能层面”来解释逻辑和理性思维，这就造成了一些困难。似乎很明显的是，心智功能不仅以连接系统描述的方式运作，它也不是只有程序性记忆。

也就是说，我们可以提出这样一个假设：（自动的）内隐记忆对应一种潜意识，（动机性）陈述性记忆及其认知衍生品对应另一种潜意识功能，而且两者同时起作用。在这个意义上，如果分裂现在不仅可以被理解为一种附属于压抑规则（避免不愉快）的防御机制，而且是一种原始的和永久的远离陈述性表征的迁移，那么就有可能认为，可以被称为“分裂的潜意识”的存在，与内隐记忆相关，而内隐记忆又包括不同类型的处理过程和神经网络。如果是这样的话，精神分析将面临一个有趣的问题——一个地形学、动力学

[1] M. Froufe（1997）详尽地发展了这一概念。带来一些困难的是“认知”这个形容词的使用，试图合法化——或者不合法化——所谓的精神分析潜意识。我认为更好的说法是，认知和精神分析科学中有关于潜意识概念的重要研究，显示出了趋同性和分歧。

和经济学的问题——这需要对 Freud 最后仅与压抑有关的实例模型进行元心理学的修正。

因此，本文的目标是：首先提出一个建立在结构分裂概念上的精神装置模型；其次，据此开始，回顾“心身学”的概念（因为心身关系的概念在过去三十年中发生了关键的变化）。

2. 分裂的结构价值：分裂的潜意识和第三地形学

纵观精神分析的历史，对于我们所理解的分裂的潜意识及其产物，有许多种概念化的说法。在 Freud 自己的著作中，这个问题被概括在所有压抑理论无法解释的现象中。后来，这个问题在非弗洛伊德学派的心理功能模型中以一种复杂的方式被提出——例如，Bion（1963）的模型把元素和贝塔屏描述为一个非整合的聚集体；在 Lacan（1975）关于实相（Real）的概念中，实相在语言之外，不被允许象征化。此外，这个问题存在于临床中对崩溃的可怕恐惧（Winnicott，1974）和 Aulagnier（1972）对三维地形的发展中，她在 Freud 的初级和次级过程中加入了原始或起源过程和象形图。此外，我认为这与我们在古老癔症*中定义的潜意识分裂和不可能戏剧（McDougall，1991）、根本分裂（M’ Uzan，1994）、与自恋缺陷相关的结构性分裂（Bayle，1992）、平行动力（Marty，1990）、不可表征（Missenard et al.，1989）、未知和不可知（Rosolato，1989）、古老和全新的负性（Kaës，1989）、原始的非禁欲（*refoulé*）潜意识（Dejours，1986）、前压抑潜意识（Roussillon，1991）、不可表征的代表团（delegation）和“他乡”（Botella，2006），以及“前心理”的概念、负性工作和分裂的发展（Green，1998）有关。

不应认为这个清单是详尽无遗的，也不应试图简化那些应在其参考范围

---

* McDougall 用“古老癔症”（archaic hysteria）这一术语来描述一类心身现象，以表明这些冲突涉及早期的躯体力比多或原始的性和施虐的交换，在这些冲突中，某些身体区域和功能与母亲的身体相混淆，或感觉在她的控制之下。——译者注。

内加以研究的概念；然而，在精神分析文献中提到了各种各样的考量，即什么在一个不是词语表征的秩序中起作用，并与潜意识的经典表征形式共存。

现在有必要对用来制定精神装置及其功能模型的理论起点进行综合，以解释迄今为止所阐述的内容。有四个概念，它们来自精神分析、主体性学科和神经科学之间的衔接和非还原论对应。

（1）潜意识异质性（heterogeneity）的概念：潜意识有几个具有不同特征的功能或操作系统，因此不可能说一个潜意识是同质的。这一概念的例子是Bleichmar（1999，2001）对不同的潜意识的发展，以及他的模块化-转化模型。

（2）共存（coexistence）的概念：不同的功能系统同时运行，最终的产物总是包含它们的不同方面，所以任何临床表现总是混合的。这一概念暗示着主导性和梯度，因此需要对心理病理结构的理念提出质疑。

（3）复杂性（complexity）的概念：功能具有递归性；因此，不存在因果决定论。所描述的所有机制——例如，从心理神经免疫内分泌的角度描述的机制——都具有这一特征。

（4）重组链接（restructuring linkage）的概念：在原始联系结构价值的经典观点中加入了次级联系的重组可能性。这个概念与现代的神经可塑性概念[1]以及新的联系构建新的主体性的观点有关。

正是通过考虑这些概念，我们对Freud精神装置的最后一个模型进行了修正，因为我们相信，根据精神分析语料库内的新发展以及其他学科的贡献，重新考虑不同的元心理学范畴，从Freud的逻辑和一般的科学思想来说很自然。这一修正导致了我们所理解的第三地形学[2]。

第三地形学是对潜意识心理功能的异质性和共存性的隐喻性、图形化表征，具有表征结构（事物呈现和词语呈现）和非表征结构。它是精神装置的

---

[1] 理解为从“遗传决定论”中的某种程度的解放，或者理解为“通过这种机制，每个主体都是单一的，每个大脑都是独特的”（Ansermet et al.，2004）。

[2] Green（1975）、Dejours（1986）、Marucco（1999）、Raggio（1989）、Merea（1994），以及温尼科特学派作者（Accioly Lins，1994）和与心身学相关的作者（Rappoport de Aisemberg，2001）使用了“第三主题或地形学”这个术语。Kaës（1999）和Brusset（2006）等作者从主体间性的角度推动了这种元心理学的修正。

一个模型，被理解为在躯体和他者之间的心理建构，其特点是将分裂引入Freud第二地形学并作为一种普遍的和结构化的机制，这种机制允许两种大的心理功能模式普遍共存，这两种模式可以从不同的角度分别进行研究（Zukerfeld，1992，1993，1994，1996，1998，1999；Zukerfeld et al.，1989，1999，2001，2005）。

结构分裂在图 10.1 中被局部表示为垂直于横条的竖条，它隐喻地表示第二地形学中的压抑，并与之一起调节两种工作需求的满足，一种是生物性的（Ⅰ），另一种是文化性的（Ⅱa 和Ⅱb）。这意味着该模型试图整合驱力理论和关系理论，而没有建立一个等级秩序，因此在所有的心理功能中，有些来自躯体秩序，有些来自主体间秩序。

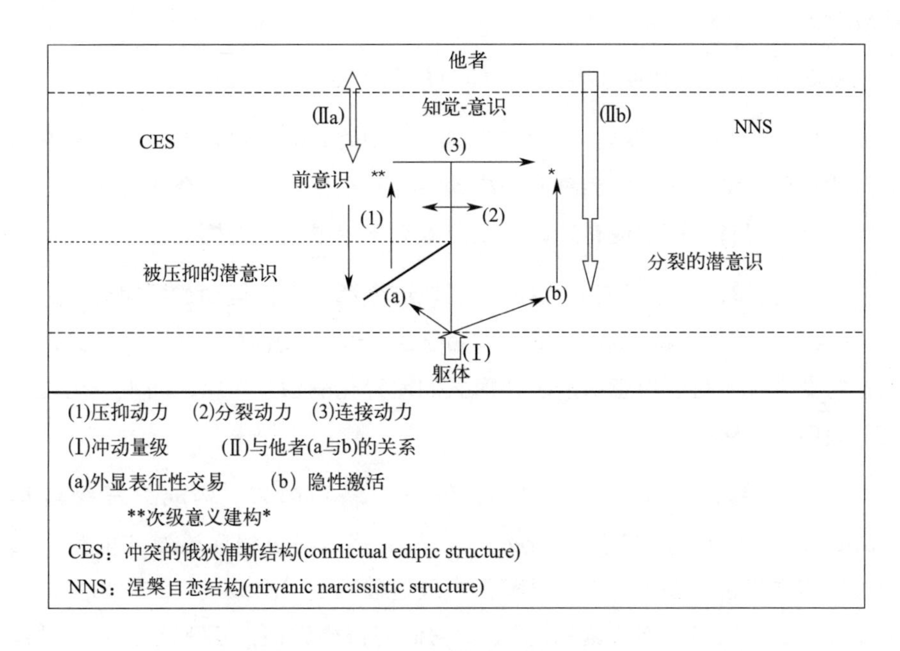

图 10.1 第三地形学

从经济角度看，有两种衍生［图 10.1 中的（a）和（b）］：

（a）这种衍生意味着将被绑定到由与他者的连接提供的事物或语词呈现的（力比多）贯注。在第一种情况下，最初的连接是那些原始压抑和固着，遵循 Freud 快乐-不快乐原则的表征性交易的起点。 Green（1975）明确指出“事物呈现捕捉、限制和转化驱力能量……‘它本身不能将所有作为心理表征的部分连接起来’”。

（b）这种推导精确对应于未被连接的力比多贯注，它产生的轨迹可以被激活但不能被回忆❶，对应于来自驱力源和关系源的不可表征的量级（图10.1中的IIb）。其中一部分可能暗示创伤性（侵入性，病原性认同）的影响与Green（1975）所指定的“众所周知对身体的影响（或身体对情感的影响）”相关联。“同时，由此，（力比多贯注）通过躯体反应或行动路径释放。”同样，“引子”（Benyakar et al.，2005）、“被动的原始认同”和“不可控制的痕迹”（Marucco，1999）以及“强加”（Berenstein，2001）的概念是与上述变迁密切相关的理论。这些来源的其他部分与程序性记忆和启动效应有关。

从动力学角度，该模型描述了三种动力［图10.1中的（1）、（2）、（3）］：

（1）压抑及其在冲突（“垂直”运动）中固有的投注和去贯注、递进和退行的过程，意味着置换和凝缩的流动性，并根据意愿和禁令的合法性，决定什么会变得有意识或没有意识，以及施以更大或更小的掩蔽。

（2）分裂，决定了表征过程和/或轨迹激活（横扫运动或摇摆运动）中知觉-意识（P-CC，perception-consciousness）的流动性❷和替代性优势；因此，它安排了所有获得意识的表现形式的差异化的相互作用，而不一定是语词的表现形式❸。

（3）连接，将交易（a）与激活（b）联系起来，构成第三级过程（Zukerfeld et al.，2002）。Green（1972）将这些过程描述为“那些将初级过程和次级过程联系起来的过程，初级过程限制了次级过程的饱和度，次级过程限制了初级过程的饱和度”，“它们值得作为概念层面上的关系过程被分离出来”，因此“（思维）专注于应用次级过程，继续对一些初级过程开放，保证在行使最严格的理性时创造性直觉的爆发”。在我们的概念中，

---

❶ 这些痕迹显然与Freud的自动焦虑有关。

❷ 永久性和流动性的动力是与连接动力相关的正常神经功能，而结晶的主导地位（无流动性）、僵化或分裂解体则代表病理结构。

❸ 最后一种可能性（非语词的表现形式）是痕迹激活（b）的特征。

我们认为，除了产生前意识创造性的丰富性、初级过程和次级过程之间的关系之外，第三级过程通过主体间联系（IIa）为不可表征性增加了次级意义，这是创造新事物的机制（图 10.1，从 ** 到 * ）。

从主题的角度出发，根据精神分析的基本神话，一个主体间的生产空间及其分化和实例被描述出来，构成了一个冲突的俄狄浦斯结构，其中发现了自我理想，而在另一个空间，理想自我根植于涅槃自恋结构的一部分，是彻底否认、复制和排放的所在地。Marty（1990）指出：

> 理想自我代表着不节制……被外界感知为主体对自己的全能感，或者对外界的全能感，如果是这样的话……它不是那种压抑的小孩……临床上，它表明这是一个强大的性格和行为特征……在表现无懈可击的整体（wholeness）或虚无（nothingness）时……它在本质上成为致命的。

因此，一个关于自恋和理想的新议题就出现了，用 Green 的话说，营养方面（trophic aspects）是问题的一部分，与分裂的死亡方面并存。这种观点只在元心理学意义上（而不是在心理病理学意义上）对“结构”的概念做出假设，因为每一种症状、紊乱或特征都涵盖结构或功能模式两方面。

这样一来，Freud 最后的精神装置成为一种模式——也是普遍的心理功能——与另一种对应于分裂的潜意识共存。最后这个概念构成了第三地形学的“硬核”，我们认为它最能解释这种功能，原因有三：

（1）它在层次上将分裂机制提升为一种原始的、全局的、持续的远离或分离，这与神经科学的研究相关，当系统之间被证明是可以分离的时，就像在海马体和大脑杏仁核回路中发生的那样，神经科学就会对它们的连接进行划分和研究（Bechara et al.，1995）。

（2）它强调结构维度，按照我们的思维方式，在 Freud 的轨迹中，它遵循着与压抑相同的路径：首先它是一种癔症性防御，然后是一种普遍的机制。正如 Green（1998）在本文题词中指出的那样，分裂意味着分化，从进化的角度来看❶，分化甚至是一种需要。根据 Freud 的恒常原则，很明显，为了表达情感和表征，精神装置不应该被创伤事件所导致的高量级能量压倒。这意味着一个释放的“空间”，使表达成为可能，这证明了创伤事件导致的空间“扩展”。请注意，在图 10.1 中，这种“扩展”将被图形化地表示为分裂条的“向左移动”，它将“压碎”前意识❷。

（3）它将这个概念与任何对病理的强调分开，因为它是一个构成性的、永久的、经济上必要的系统，正如 Bateson（1972）在考虑习惯和技能时指出的，他说：“没有一个有机体能让自己意识到它可以在潜意识层面处理的事项。”这些“事项”不是冲突的一部分，但它们不是绝对自主的，因为它们可能会被卷入冲突的动力中。事实上，它们属于我们所理解的“内隐记忆”的整个领域，需要确定的一个重要方面是，这些潜意识过程或多或少与自动或程序性行为有关，而且与植物神经机制有关。从这个意义上说，被我们称为分裂的潜意识采用了典型的杏仁核-下丘脑回路的功能模式，这是“心理神经免疫内分泌学”答案的基础。在元心理学术语中，我们所说的量级与通过不同层面的运动行为和躯体反应或蜕变来释放和传导的表征无关。

简言之，我们提出，根据不同的精神分析理论、神经科学、认知心理学和主体性学科的研究，我们所称的分裂的潜意识（即在结构上与由压抑所设定的表征相分离）可能有不同的特征。在精神分析中，驱力理论将分裂与放电区域、死亡或负性相关联；将自恋理论与不可能剧院场域（McDougall，1991）和理想的自我或不朽的替身的所在地（Aragonés，1999）相关联；将认同理论与被动原始认同（Marucco，1999）和致病性认同（Bleichmar，2001）相关联。对于主体性学科，分裂与非表征性和跨主体性相关。对于认知心理学来说，它是认知潜意识和亚符号过程的空间；而对于一般的神经科学来说，它是内隐记忆（程序记忆、情绪记忆和启动效应）的领域，有着不同的神经网络。

---

❶ 进化心理学的某些概念可以解释这一点。

❷ 在神经科学中，它与反复应激产生的激素导致的海马体退化有关。

3. 分裂的潜意识的主导地位：从心身学到躯体脆弱性

我认为，“心身”一词仍在精神分析中使用，更多的是出于对一种强大传统的尊重，而非作为对当前临床和理论现实的表达。它没有其起源的特异性，它暗指一个身体参与症状表现的领域。目前，这一领域有时被定义为情绪和心理社会因素的研究，涉及躯体疾病以及精神病学所称的躯体形式障碍的起源、发病、恶化、后果、演变、预防和治疗。其中包括两个大的普遍机制：转换和躯体化。正如所知，前者构成了 Freud 对转换型癔症中潜意识压抑的主要发现，它标志着精神分析的诞生。它包括神经症症状产生的典型范式。众所周知，在临床实践和理论上，它将 Freud 在真性神经症上的发展最小化了——尽管有一些后弗洛伊德（Post-Freudian）的发展，转换模式（可翻译为语言的肢体语言）成为所谓心身学的中心轴。因此，直到巴黎心身学派的研究和成果出版，它才真正形成了一个被严格考虑的精神分析中的差异化领域（在神经症方面没有差异）❶。原则上，这些发展假设了心理功能的特殊特征，试图划分一个特定的类别❷。现在对于神经症领域的必要区分使拉康学派（Lacanian）将这些“心身”功能模式定性为“现象”的表达——这不是一种症状，它仍处于一个“边缘”，在那里它将遇到边缘的、非神经症/非精神病性的、正常的东西（McDougall，1982）。同样的术语——“边缘”或最终的“前沿”——暗指一个“中心”的存在，这个“中心”仍然是神经症移情。

我们认为，这种“以神经症为中心”的模型成为刻板标准，阻碍了对不同等级表现的共存和共时性的感知，正如早期 Freud 已经意识到的那样（所有神经症都有一个真性神经症的核心）。这就是为什么基于两种结构机制——压抑和分裂——的第三地形学模型既没有中心也没有边缘，因为每一种临床表现

❶ “器官-神经症”就是一个例子。尽管如此，象征化的问题已经被先驱们深入讨论过了，正如波士顿和芝加哥学派所展示的那样。

❷ 这一学派的成员将自己定义为“心身学者”而不是精神分析师，这并不奇怪。Green（1998）在与学派代表的讨论中，指出 Bion 和 Winnicott 关于极限态的观点被忽视了。

从定义上来说都是一种混合体。因此，优势和固化（crystallizations）将定义临床表现。从这个意义上说，分裂的潜意识的一个方面的表现优势——对应于一种不可表征的情绪记忆[1]——可能被表达为一种躯体（症状）爆发（在其他表达方式中），我们将这种优势归因于一种病理潜力，即一种特殊的脆弱性。

在早期的出版物中（Zukerfeld et al.，1999），我们将这种分裂潜意识的优势和固化定义为脆弱性，也就是说，作为一种心理功能模式和/或一种主观状态，其更常见的临床表现是幻想活动的某些缺陷，在处理重要经历和阐述哀伤时自我资源的某种匮乏，以及行为和/或躯体行为-排解的倾向。

这就是为什么如果我们现在必须界定传统上被称为“心身性”的东西，我们将围绕“躯体脆弱性”的概念展开，这样这个领域将被定义为研究一个主体面对疾病时，其脆弱性如何以及为什么增加或减少，也就是说，研究一种心理功能模式是如何建立和运行的，我们理解，在这种模式中，分裂的潜意识占主导或被固化。就第三地形学的模式是一种共存模式而言，它从一种结构化的、普遍的分裂开始，上述的优势总是与被压抑的特征表现共存；因此，我们可以笼统地描述两大患病模式，它们有各种变化。第一种是根据心理交易的存在来定义的，以一种退行的方式，它与弗洛伊德学说和后弗洛伊德精神分析传统上所描述的症状产生的转换形式相对应，尽管存在明显的差异。众所周知，一个人对自己身体的表征和伴随的情感在这里是按照精神神经功能的规则被退行性处理的，也就是说，作为俄狄浦斯情结支配下的被压抑的冲突的一部分，获得了象征价值。其主导地位是通过强烈的幻想活动、典型的潜意识愿望和禁忌的变迁表现出来的。

第二种模式是通过缺乏表征交易来定义的，包括传统上弗洛伊德学说和后弗洛伊德精神分析（允许有差异）所描述的症状产生的躯体化方式。这种方式意味着无法回忆的痕迹被激活，这些痕迹在元心理上被分裂出去了。这种分裂可能是防御性的，也可能意味着对所表达的思想-情感结构的非压抑性拆解，例如述情障碍的概念。这是现在通常被认为是“心身失调”的状

[1] 其基础是杏仁核-下丘脑回路的神经元网络及其免疫内分泌整合。

态，它在幻想活动缺失的地方运作，我们更愿意称之为躯体脆弱，在那里占主导地位的是分裂的潜意识。从神经科学的角度来看，有趣的是所提到的缺陷（正如述情障碍的概念一样）可以被认为是 Damasio（1994）所描述的"躯体标记"的缺失或不足。这些标记是一种特殊的感觉，由次级情绪产生，通过学习，与某些决定相联系，其神经基础位于杏仁核和前额皮质之间的连接❶。

需要注意的是，在现实中，我们用"脆弱性"（vulnerability）来代替前缀"心理"（psycho-），以这类术语来命名某些心理功能占主导地位的现象。因此，"心身"患者实际上是一个具有"躯体脆弱性"的患者，也就是说，患者具有一定的促进躯体病理的潜力，即 M'Uzan（1994）所说的"数量奴隶"（quantity slaves）。总之，两种方式共存，从结构性分裂开始，作为对不足或过剩的答案❷，它们都通过面对现实时不同类型的认知建构和行为表现出来。

这就是为什么目前确定脆弱性的存在——分裂的潜意识占主导地位的心理功能——变得非常重要。这里应该注意的是，"脆弱性"一词并非严格意义上的易碎性（fragility）或易感性（predisposition）（习惯性用法）的同义词，它与心智化（mentalization）的概念❸相反。因此，神经症的症状并不表现出任何脆弱性。我们理解在与历史和实际逆境之间的复杂组合［图 10.2（a）］直接相关时，脆弱性的强弱；也理解是否存在提供支持和认同模式的纽带网络；因此，创伤越持久，纽带网络的支持能力越弱［图 10.2（b）（c）］，脆弱性就越强，导致原有病理的恶化和出现并发症的可能，或未特指的疾病的产生。另外，以压抑为秩序的功能模式的主导需要重新赋义的概念、防御机制的发展和身体表现的象征价值。然而，值得强调的是，就目前而言，脆弱性的临床概念与理论概念的潜意识分裂是一致的，这

❶ 在某种程度上，这将是一种亚符号的"沟通"方式——没有文字的干预。此外，这种"信息"被某人接收和容纳的希望是存在的，它甚至可能被认为是"潜意识计划"的一部分（Weiss，1993）。

❷ 后遗效应和创伤性脱节的共存。

❸ Marty（1990）提出的概念（前意识表征的质量、数量和可获得性）和 Fonagy（1999）提出的概念（反思功能发展的条件，即感知自己和他人的精神状态，以及与安全依恋相关的能力）。

是普遍的，并不意味着医学意义上的病态。因此，它仅指心理功能的主导，它可能变成病态，但也可能重新整合成内稳态［图 10.2（d）］，甚至可能演变为弹性发展［图 10.2（e）］❶。我们不打算在这里处理生物（遗传等）和社会（生活质量、文化理想）变量的干扰，但理解模型的递归性很重要，因为如果疾病发生了，这反过来会变成逆境，改变受影响主体的联结网络［图 10.2（f）］，其脆弱性可能会增加。

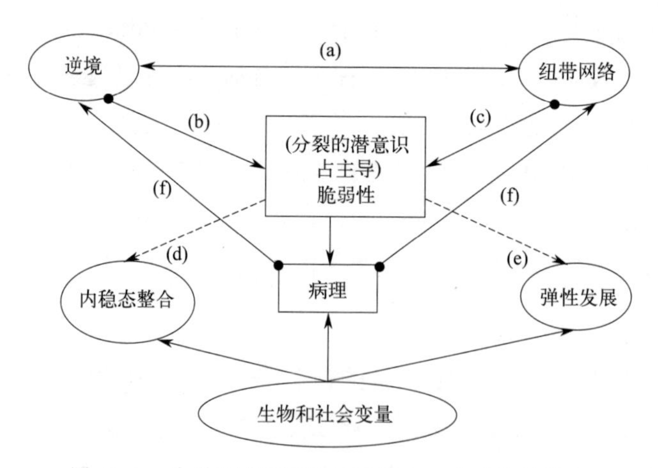

图 10.2　分裂的潜意识的临床概念：脆弱性的概念

再次强调共存的概念在临床上是重要的，因为分裂及其变异（脆弱性）的主导地位并不排除神经症症状的存在。因此，上述模型符合 Bernardi（2005）提出的逻辑："一个单一的躯体，但足够复杂。"❷ 另外，我们在上文定义的"脆弱性"这个概念，对实证研究的程序是开放的，可与临床研究相对照。因此，如果根据有意义的关系的质量、存在和内化，从创伤经验或应激产生经验的角度来研究逆境的影响，脆弱性梯度可以作为评估分裂的潜意识的主导性的间接模式。

---

❶ 在这一模式中，"内稳态"是恢复到创伤前的状态，"弹性"是向另一种状态的转变，在这种状态下，显著的、主体间的连接具有决定性的影响。

❷ 作者质疑"情欲肉体"与"生物肉体"之间的经典划分方式，提出了重叠区域的"活肉体"与"化身精神"。

最后的反思

“如无必要，勿增概念。”

William of Ockham，1328

理论和模型旨在说明某些复杂的现实，预期减少复杂性。众所周知，一块“领土”总是比它的任何“地图”更复杂，而且对话关系（Morin，2001）发生在那里❶。从这个意义上说，第三地形学是一种基于弗洛伊德学说的精神分析制图，旨在探索这种复杂性，包括整合驱力理论、关系理论和跨学科发现的目标。

但是，从根本上说，我相信有必要重新考虑 Freud 的某些最终概念——比如分裂——以便不仅考虑病理学，而且考虑整体的心理功能。这种意图建立在某种认识论的简约法则上，因为如果一个 Freud 的概念还没有用尽它的启发和解释性的力量，那么在引入新名词（“前心理潜意识”“前压抑”“未知”“他乡”等）之前，或者在把它作为精神分析的对象（认知潜意识）之前，使用它是很方便的。另外，分裂的潜意识的元心理学概念奠定了将脆弱性视为一种普遍和持续状态的临床概念的基础，在我看来，它允许为通常被称为心身领域的开放研究和跨学科接触制定一个更精确的建议。因此，正是在这个领域［目前包括双心医学（心理心脏病学）、心理肿瘤学和一般的心理神经免疫内分泌学］，现代精神分析才可能重新获得它在 20 世纪初所占据的重要地位。

---

❶ 被理解为两个相互补充、共存和对立的逻辑之间的复杂统一，它们相互依存、互为补充，也相互对立。

参考文献

Accioly Lins, M. I. (1994). "Terceira tópica?" Proceedings of the III Encuentro Winnicottiano, Gramado, Brazil

Agambén, G. (1998). *Homo Sacer: Sovereign Power and Bare Life.* Palo Alto, CA: Stanford University Press.

Amati Mehler, J., & Argentieri, S. (1990). *Esperanza y desesperanza. Un problema técnico?* [Hope and hopelessness: A technical problem?]. Lima: Libro Anual de Psicoanálisis.

Ansermet, F., & Magistretti, P. (2004). *A chacun son Cerveau. Plasticité neuronale et inconscient* [To each his own brain: Neuronal plasticity and the unconcious]. Paris: Odile Jacob.

APA (2004). *Diagnostic and Statistical Manual of Mental Disorders* (4th ed., text revision). Washington, DC: American Psychiatric Association.

Aragonés, R. J. (1999). *El narcisismo como matriz de la teoría psicoanalítica.* Buenos Aires: Nueva Visión.

Aulagnier, P. (1967). La perversion comme structure [Perversion as structure]. *L'Inconscient,* 1: 11–43.

Aulagnier, P. (1972). *La violence de l'interpretación. Du pictogramme à l'énoncé* [Violence of interpretation: From pictogram to statement]. Paris: Presses Universitaires de France.

Baker, R. (1994). Psychoanalysis as a lifeline: A clinical study of a transference perversion. *International Journal of Psychoanalysis, 75*: 742–753.

Baranes, J. J. (1991). Desmentida, identificaciones alienantes, tiempo de la generación [Disavowal, alienating identifications, time of the generation]. In: *Lo negativo* [The negative]. Buenos Aires: Amorrortu.

Baranger, M. (2005). Field theory. In: S. Lewkowicz & S. Flechner (Eds.), *Truth, Reality, and the Psychoanalyst.* London: International Psychoanalytical Association.

Baranger, M., & Baranger, W. (1961–62). The analytic situation as a dynamic field. 1961–1962. *International Journal of Psychoanalysis, 89* (No. 4, 2008): 795–826.

Baranger, M., & Baranger, W. (1964). Insight in the analytic situation, In: *The Work of Confluence: Listening and Interpreting in the Analytic Field,* ed. L. G. Fiorini. London: Karnac, 2009.

Baranger, M., Baranger, W., & Mom, J. M. (1987).The infantile psychic trauma from us to Freud: Pure trauma, retroactivity, and reconstruction]. In: M. Baranger & W. Baranger, *The Work of Confluence: Listening and Interpreting in the Psychoanalytic field,* ed. L. G. Fiorini. London:

Karnac, 2009.
Baranger, W. (1979). Spiral process and the dynamic field. In: M. Baranger & W. Baranger, *The Work of Confluence: Listening and Interpreting in the Psychoanalytic field*, ed. L. G. Fiorini. London: Karnac, 2009.
Baranger, W. (1994). La situación analítica como producto artesanal [The analytic situation as a handcrafted product]. In: W. Baranger, R. Zak de Goldstein, & N. Goldstein (Eds.), *Artesanías psicoanalíticas* (pp. 445–461). Buenos Aires: Kargieman.
Baranger, W., & Baranger, M. (1969). *Problemas del Campo Psicoanalítico* [Problems of the psychoanalytic field]. Buenos Aires: Kargieman.
Bateson, G. (1972). *Steps to an Ecology of Mind*. New York: Chandler.
Baudrillard, J. (1995). *The Perfect Crime*, trans. C. Turner. London/New York: Verso, 1996.
Bauman, Z. (2000). *Liquid Modernity*. New York: Polity Press.
Bayle, G. (1988). Traumatismes et clivage fonctionnels [Trauma and functional splitting]. *Revue Française de Psychanalyse, 52* (6): 1339–1356.
Bayle, G. (1992). La carencia narcisista. *Revista de Psicoanálisis, 49*: 3–4.
Bayle, G. (1996). Les clivages [Splitting]. *Revue Française de Psychanalyse, 60*: 1303–1547 [special Congress issue].
Bechara, A., & Damasio, A. (1995). Double dissociation of conditioning and declarative knowledge relative to the amygdala and hippocampus in humans. *Science*, 269 (5227).
Benyakar, M., & Lezica, A. (2005). *Lo traumático. Clínica y paradoja*. Buenos Aires: Ed. Biblos.
Berenstein, I. (2001). *El sujeto y el otro. De la ausencia a la presencia*. Buenos Aires: Paidós.
Bernardi, R. (2005). Un único cuerpo pero suficientemente complejo. El diálogo entre el psicoanálisis y la medicina. In: A. Maladesky & Z. López Ozores (Eds.), *Psicosomática. Aportes teórico-clínicos en el siglo XXI*. Buenos Aires: Lugar Editorial.
Berners-Lee, T. (1999) (with Fischetti, M.). *Weaving the Web: Origins and Future of the World Wide Web*. London: Orion Business.
Berners-Lee, T. (2005). *Berners-Lee on the Read/Write Web*. Available at http://news.bbc.co.uk/1/hi/technology/4132752.stm
Bion, W. R. (1957). Differentiation of the psychotic from the non-psychotic personalities. In: *Second Thoughts: Selected Papers on Psycho-Analysis* (pp. 43–64). London: Heinemann, 1967; reprinted London: Karnac, 1984.
Bion, W. R. (1959). Attacks on linking. In: *Second Thoughts: Selected Papers on Psychoanalysis* (pp. 93–109). London: Heinemann, 1967; reprinted London: Karnac, 1984.
Bion, W. R. (1961). *Experiences in Groups*. London: Routledge.

Bion, W. R. (1962). A theory of thinking. In: *Second Thoughts: Selected Papers on Psycho-Analysis* (pp. 110–119). London: Heinemann, 1967; reprinted London: Karnac, 1984.

Bion, W. R. (1963). *Elements of Psychoanalysis.* London: Heinemann; reprinted London: Karnac, 1984..

Bion, W. R. (1965). *Transformations.* London: Heinemann; reprinted London: Karnac, 1984.

Bion, W. R. (1970). *Attention and Interpretation.* London: Tavistock.

Bleichmar, H. (1999). Fundamentos y aplicaciones del enfoque modular transformacional. *Aperturas Psicoanalíticas, 1* (April) (available at www.aperturas.org).

Bleichmar, H. (2001). El cambio terapéutico a la luz de los conocimientos actuales sobre la memoria y los múltiples procesamientos inconscientes. *Aperturas Psicoanalíticas, 9* (November) (available at www.aperturas.org).

Bohr, N. (1958). Essays 1933–1957 on atomic physics and human knowledge. In: *The Philosophical Writings of Niels Bohr, Vol. 2.* Woodbridge, CT: Ox Bow.

Bokanowski, T. (1996). Freud and Ferenczi: Trauma and transference depression. *International Journal of Psycho-Analysis, 77* (3): 519–536.

Bokanowski, T. (2005). Variations on the concept of traumatism: Traumatism, traumatic, trauma. *International Journal of Psychoanalysis, 82* (2): 251–265.

Bolognini, S. (1997). Empathy and empathism. *International Journal of Psychoanalysis, 78*: 279–293.

Bolognini, S. (1998). Compartir y malentender. *Revue de Psicoanalisis, 55*: 7–20.

Bolognini, S. (2002). *Psychoanalytic Empathy.* London: Free Association Books, 2004.

Borges, J. L. (1941). *The Garden of Forking Paths.* In: *Collected Fictions,* trans. A. Hurley. Middlesex: Penguin, 1999.

Borges, J. L. (1981). *Nostalgia del presente* [Nostalgia for the present]. Buenos Aires: Emecé.

Botella, C. (2006). "Sobre el trabajo de figurabilidad". Paper presented at the Conferencia en Sociedad Psicoanalítica de Porto Alegre (September) (www.sppa.org).

Brenner, I. (1994). The dissociative character: A reconsideration of "multiple personality" and related phenomena. *Journal of the American Psychoanalytic Association, 42*: 819–846.

Brenner, I. (1999). Deconstructing D.I.D. *American Journal of Psychotherapy, 53*: 344–360.

Brenner, I. (2001). *Dissociation of Trauma: Theory, Phenomenology and Tech-*

nique. Madison, CT: International Universities Press,.
Brenner, I. (2002). "Trauma, Transmission and Time." Paper presented to P.A.N.Y./Melitta Shmidberg Lecture.
Brenner, I. (2003–2004). Remembering, forgetting and keeping separate: Reflections on the "gospel" according to Freud. *Journal of the Indian Psychoanalytical Society, 57*: 25–35.
Brenner, I. (2004). *Psychic Trauma: Dynamics, Symptoms and Treatment*. Lanham, MD: Jason Aronson.
Britton, R. (1989). The missing link: Parental sexuality in the Oedipus complex. In: J. Steiner (Ed.), *The Oedipus Complex Today: Clinical Implications* (pp. 83–101). London: Karnac.
Britton, R. (1995). Reality and unreality in phantasy and fiction. In: *On Freud's "Creative Writers and Day-dreaming"*. New Haven, CT: Yale University Press.
Britton, R. (2001). Beyond the depressive position: Ps(n+1). In: C. Bronstein (Ed.), *Kleinian Theory: A Contemporary Perspective*. London: Whurr.
Britton, R. (2003). *Sex, Death. and the Superego*. London: Karnac.
Brusset, B. (2006). Metapsicologia dos vínculos e "terceira tópica"? *Revista de Psicanálise, 13* (2).
Bucci, W. (2001). Pathways of emotional communication. *Psychoanalytic Inquiry, 21* (1): 40–70.
Buzzati, D. (1940). *The Tartar Steppe*, trans. S. C. Hood. Edinburgh: Canongate, 2007.
Cahn, R. (1983). Le procès du cadre ou la passion de Ferenczi [The issue of the framework, or Ferenczi's passion]. *Revue Française de Psychanalyse, 47*: 1107–1133.
Carignan, L. (1999). The secret: Study of a perverse transference. *International Journal of Psychoanalysis, 80*: 909–928.
Carignan, L. (2003). Exotica: Unravelling a perverse solution to trauma. *Canadian Journal of Psychoanalysis, 11*: 493–506.
Carignan, L. (2005). "Aspects of 'Mad Love' in the Analytic Situation." Unpublished manuscript.
Casas de Pereda, M. (1997). Disavowal: Structural effect and pathogenic dimension. *International Journal of Psychoanalysis, 78*: 379–384.
Chasseguet-Smirgel, J. (1981). Loss of reality in perversions—With special reference to fetishism. *Journal of the American Psychoanalytical Association, 29*: 511–534.
Chasseguet-Smirgel, J. (1984). *Creativity and Perversion*. London: Free Association Books.
Chasseguet-Smirgel, J. (1987) Intento fallido de una mujer por encontrar una solución perversa [A woman's vain attempt to find a perverse solution]. *Revista de Psicoanálisis, 44* (4).

Clark, A. (2000). *Natural Born Cyborgs?* Available at http://www.edge.org/3rd_culture/clark/clark_index.html

Clavreul, J. (1967). The perverse couple. In: S. Schneiderman (ed.), *Returning to Freud: Clinical Psychoanalysis in the School of Lacan* (pp. 215–233). New Haven, CT: Yale University Press, 1980.

Cobo Romaní, C., & Pardo Kuklinski, H. (2007). *Planeta Web 2.O. Inteligencia colectiva o fast-food media.* [Planet Web 2.0: Collective intelligence or fast-food media]. Available at www.planetaweb2.net

Damasio, A. (1994). *Descartes' Error: Emotion, Reason, and the Human Brain.* New York: Putnam.

Dejours, C. (1986). La troisieme topique. In: *Lecores entre biologie et psychanalyse.* París: Gallimard.

Díaz Benjumea, M. D. J. (2002). Lo inconsciente psicoanalítico y la psicología cognitiva. Una revisión interdisciplinar. *Aperturas Psicoanalíticas, 11* (July) (available at www.aperturas.org).

Dickes, R. L. (1965). The defensive function of an altered state of consciousness: A hypnoid state. *Journal of the American Psychoanalytical Association, 13*: 365–403.

Donnet, J. L., & Green, A. (1969). *L'enfant de ça. Psychanalyse d'un entretien: la psychose blanche* [The child of the id. Psychoanalysis of an interview: Blank psychosis]. Paris: Editions de Minuit.

Duras, M. (1964). *The Ravishing of Lol Stein,* trans. R. Seaver. New York: Pantheon, 1986.

Escoll, P. J. (2005). Man's best friend. In: *Mental Zoo: Animals in the Human Mind and Its Pathology* (pp. 127–159). Madison, CT: International Universities Press.

Etchegoyen, R. H. (1978). Some thoughts on transference perversion. *International Journal of Psychoanalysis, 59*: 45–53.

Etchegoyen, R. H. (1991). *The Fundamentals of Psychoanalytic Technique.* London: Karnac.

Fairbairn, W. R. D. (1952a). *On Object-Relations Theory of the Personality.* New York: Basic Books.

Fairbairn, W. R. D. (1952b). *Psychoanalytic Studies of the Personality.* London: Routledge & Kegan Paul.

Febvre, L. (1946). *Marc Bloch et Strasbourg. Souvenirs d'une grande histoire.* In J. Le Goff, *La Nouvelle Histoire.* Paris: Editions Complexe, 1988.

Federn, P. (1952). *Ego Psychology and the Psychoses,* ed. E. Weiss. New York: Basic Books.

Ferenczi, S. (1931). Child-analysis in the analysis of adults. *International Journal of Psychoanalysis, 12*: 468–482. Also in: *Final Contributions to the Problems and Methods of Psycho-Analysis* (pp. 126–141), ed. M. Balint, trans. E. Mosbacher et al. London: Karnac, 1980.

Ferenczi, S. (1932). *The Clinical Diary of Sándor Ferenczi*, ed. J. Dupont, trans. M. Balint & N. Z. Jackson. Cambridge, MA : Harvard University Press, 1995.

Ferenczi, S. (1933). Confusion of tongues between adults and the child. In: *Final Contributions to the Problems and Methods of Psycho-Analysis* (pp. 156–167), ed. M. Balint, trans. E. Mosbacher et al. London: Karnac, 1980.

Ferenczi, S. (1949). Notes and fragments (1930–32). In: *Final Contributions to the Problems and Methods of Psycho-Analysis* (pp. 219–279), ed. M. Balint, trans. E. Mosbacher et al. London: Karnac, 1980.

Fleiss, R. (1953). The hypnotic evasion: A clinical observation. *Psychoanalytic Quarterly, 22*: 497–516.

Fonagy, P. (1999). "Transgenerational Consistencies of Attachment: A New Theory." Paper presented to the Developmental and Psychoanalytic Discussion Group, American Psychoanalytic Association Meeting, Washington, DC (13 May).

Freud, A. (1936). *The Ego and the Mechanisms of Defence.* London: Hogarth Press, 1937.

Freud, S. (1891d). Hypnosis. *S.E., 1.*

Freud, S. (1895d) (with Breuer, J.). *Studies on Hysteria. S.E., 2.*

Freud, S. (1899a). Screen memories. *S.E., 3.*

Freud, S. (1905d). *Three Essays on the Theory of Sexuality. S.E., 7.*

Freud, S. (1910a [1909]). Five lectures on psychoanalysis. *S.E., 4.*

Freud, S. (1910h). A special type of choice of object made by men. *S.E., 11.*

Freud, S. (1911b). Formulations on the two principles of mental functioning. *S.E., 12.*

Freud, S. (1912d). On the universal tendency to debasement in the sphere of love. *S.E., 11.*

Freud, S. (1914c). On narcissism: An introduction. *S.E., 14.*

Freud, S. (1914g). Remembering, repeating and working-through (Further recommendations on the technique of psycho-analysis, II). *S.E., 12.*

Freud, S. (1915c). Instincts and their vicissitudes. *S.E., 14*: 109–139.

Freud, S. (1915d). Repression. *Standard Edition, 14*: 141–157.

Freud, S. (1915e). The unconscious. *S.E., 14.*

Freud, S. (1916–17). *Introductory Lectures on Psychoanalysis. S.E., 16.*

Freud, S. (1917e [1915]). Mourning and melancholia. *S.E., 14*: 237–257.

Freud, S. (1918b [1914]). From the history of an infantile neurosis. *S.E., 17*: 1–122.

Freud, S. (1919e). A child is being beaten. *S.E., 17.*

Freud, S. (1919h). The uncanny. *S.E., 17.*

Freud, S. (1920g). *Beyond the Pleasure Principle, S.E., 18*: 1–64.

Freud, S. (1921c). *Group Psychology and the Analysis of the Ego. S.E., 18.*

Freud, S. (1922b). Some neurotic mechanisms in jealousy, paranoia and homosexuality. *S.E., 18.*

Freud, S. (1923b). *The Ego and the Id. S.E., 19.*

Freud, S. (1923c [1922]). Remarks on the theory and practice of dream-interpretation. *S.E.*, 19.

Freud, S. (1923e). The infantile genital organization: An interpolation into the theory of sexuality. *S.E., 19.*

Freud, S. (1924b [1923]). Neurosis and psychosis. *S.E., 19.*

Freud, S. (1924c). The economic problem of masochism. *S.E., 19.*

Freud, S. (1924e). The loss of reality in neurosis and psychosis. *S.E., 19.*

Freud, S. (1925h). Negation. *S.E., 19.*

Freud, S. (1926d [1925]). *Inhibitions, Symptoms and Anxiety. S.E., 20*: 75–174.

Freud, S. (1927e). Fetishism. *S.E., 21*: 152–157.

Freud, S. (1933a [1932]). *New Introductory Lectures on Psycho-Analysis. S.E., 22.*

Freud, S. (1937c). Analysis terminable and interminable. *S.E., 23*: 209–253.

Freud, S. (1939a [1937–39]). *Moses and Monotheism. S.E., 23*: 3–140.

Freud, S. (1940a [1938]). *An Outline of Psycho-Analysis, S.E., 23*: 139–207.

Freud, S. (1940e [1938]). Splitting of the ego in the process of defence. *S.E., 23*: 271–278.

Freud, S. (1985 [1887–1904]). *The Complete Letters of Sigmund Freud to Wilhelm Fliess 1887–1904*, ed. and trans. J. Masson. Cambridge, MA: Harvard University Press.

Froufe, M. (1997). *El inconsciente cognitivo. La cara oculta de la mente.* Madrid: Biblioteca Nueva.

Gabbard, G. (1994). *Psychodynamic Psychiatry in Clinical Practice* (4th ed.). New York: American Psychiatric Publishing.

Gay, P. (1987). *A Godless Jew: Freud, Atheism and The Making of Psychoanalysis.* New Haven, CT: Yale University Press,

Gillespie, W. H. (1956). The general theory of sexual perversion. *International Journal of Psychoanalysis, 37*: 396–403.

Ginsburg, N. (1999). *E difficile parlare di se* . Rome: Inaudi.

Green, A. (1972). Notes sur les processus tertiaires. *Revue Française de Psychanalyse, 36*: 407–410.

Green, A. (1975). The analyst, symbolization and absence in the analytic setting. In: *On Private Madness.* London: Karnac, 1996.

Green, A. (1990). *On Private Madness.* London: Karnac, 1996.

Green, A. (1993). Splitting: From disavowal to disengagement in borderline cases. In: *The Work of the Negative* (pp. 116–160). London: Free As-

sociation Books, 1999.
Green, A. (1998). Théorie. In: A. Fine & J. Schaeffer, *Interrogations psicosomatique.* Paris: Presses Universitaires de France.
Green, A. (2002). *La pensée clinique* [Clinical thinking], Paris: Odile Jacob.
Greenacre, P. (1953). Certain relationships between fetishism and the faulty development of the body image. In: *Emotional Growth, Vol. 1* (pp. 9–30). Madison, CT: International Universities Press, 1971.
Greenacre, P. (1969). The fetish and the transitional object. In: *Emotional Growth, Vol. 1* (pp. 315–334). Madison, CT: International Universities Press.
Greenacre, P. (1970). The transitional object and the fetish: With special reference to the role of illusion. In: *Emotional Growth, Vol. 1* (pp. 335–352). Madison, CT: International Universities Press.
Grinberg, L. (1976). *Teoria de la identificacion.* Buenos Aires: Paidos.
Grotstein, J. (1981). *Splitting and Projective Identification.* New York: Jason Aronson.
Grünbaum, A. (2007). Cien años de teoría y terapia psicoanalíticas. Examen retrospectivo y perspectivas (II). *Revista del Centro Psicoanalítico de Madrid* (6 December).
Halpern, J. (1999). Freud's intrapsychic use of the Jewish culture and religion. *Journal of the American Psychoanalytical Association, 47*: 1191–1212.
Hartke, R. (2004). "Criatividade e expansão psíquica no limite do caos. A mente como um sistema adaptativo complexo." Paper presented at the Bion 2004 Conference, São Paulo, Brazil.
Hartke, R. (2007). A evolução da teoria e prática psicanalíticas. Rumo a uma assintótica situação analítica total. *Revista de Psicanálise da Sociedade Psicanalítica de Porto Alegre, 14* (3).
Hernández, J. (1945). *Martín Fierro.* Buenos Aires: Araujo.
Honderich, T. (1995). *The Oxford Companion to Philosophy.* Oxford: Oxford University Press.
Janet, P. (1889). *L'automatisme psychologique.* Paris: Ballière.
Jones, E. (1953). *Sigmund Freud: Life and Work, Vol. 1.* London: Hogarth Press.
Jones, E. (1957). *Sigmund Freud: Life and Work, Vol. 3.* London: Hogarth Press.
Joseph, B. (1971). A clinical contribution to the analysis of a perversion. *International Journal of Psychoanalysis, 52*: 441–449
Joseph, B. (1989). *Psychic Equilibrium and Psychic Change: Selected Papers of Betty Joseph,* ed. M. Feldman & E. B. Spillius. London: Routledge.
Kaës, R. (1989). El pacto denegativo en los conjuntos trans-subjetivos. In: A. Missenard et al., *Le negatif. Figures et modalities.* Paris: Dunoch.

Kaës, R. (1999). *Las teorías psicoanalíticas del grupo.* Buenos Aires: Amorrortu, 2000.

Kancyper, L. (1985). Adolescencia y a posteriori [Adolescence and *a posteriori*]. *Revista de Psicoanálisis, 42* (3): 535.

Kancyper, L. (1987). El resentimiento y la dimensión temporal en el proeso analítico [Resentment and the dimension of time in the analytic process]. *Revista de Psicoanálisis, 44* (6).

Kancyper, L. (1990). Adolescencia y desidentificación [Adolescence and disidentification]. *Revista de Psicoanálisis, 47* (4): 750.

Kancyper, L. (1991). Narcisismo y pigmalionismo [Narcissism and pygmalionism]. *Revista de Psicoanálisis,* 48 (5/6): 1003. Also in: *La confrontación generacional.* Buenos Aires, Paidós, 1997. [Portuguese version: *Confrontacao de Geracoes.* São Paulo: Casa do Psicologo, 1999. Italian version: *Il confronto generazionale,* Milan: F. Angeli, 2000.]

Kancyper, L. (1995). "Resentimiento y odio en el duelo normal y en el patológico [Resentment and hatred in normal and pathological mourning]. *Revista de Psicoanálisis, APA, 52* (2).

Kancyper, L. (1998). Complejo fraterno y complejo de Edipo en la obra de Franz Kafka [Fraternal complex and oedipal complex in the work of Franz Kafka]. *Revista de Psicoanálisis, 55* (2). Also in: *El complejo fraterno* [The fraternal complex]. Buenos Aires: Lumen, 2004.

Kancyper, L. (2004). *El complejo fraterno* [The fraternal complex]. Buenos Aires: Lumen, 2004.

Kancyper, L. (2006) *Resentimiento y remordimiento* [Resentment and remorse]. Buenos Aires: Lumen. [Portuguese version: *Ressentimento e Remorso.* São Paulo: Casa do Psicologo, 1994. Italian version: *Il risentimento e il rimorso.* Milan: F. Angeli, 2003.]

Khan, M. (1963). The concept of accumulative trauma. In: *The Privacy of the Self.* London: Hogarth Press, 1974

Khan, M. (1979). *Alienation in Perversions.* New York: International Universities Press.

Klein, M. (1921). The development of a child. In: *Love, Guilt and Reparation and Other Works 1921–1945: The Writings of Melanie Klein, Vol. 1* (pp. 1–53). London: Hogarth Press, 1975; reprinted London: Karnac, 1992.

Klein, M. (1927). Symposium on child analysis. In: *Love, Guilt and Reparation and Other Works 1921–1945: The Writings of Melanie Klein, Vol. 1* (pp. 139–169). London: Hogarth Press, 1975; reprinted London: Karnac, 1992.

Klein, M. (1929). Personification in the play of children. In: *Love, Guilt and Reparation and Other Works 1921–1945: The Writings of Melanie Klein, Vol. 1* (pp. 199–209). London: Hogarth Press, 1975; reprinted London:

Karnac, 1992.

Klein, M. (1932). Early stages of the Oedipus complex and of super-ego formation. In: *The Psycho-Analysis of Children: The Writings of Melanie Klein, Vol. 2* (pp. 123–148). London: Hogarth Press, 1975; reprinted London: Karnac, 1993.

Klein, M. (1933). The early development of conscience in a child. In: *Love, Guilt and Reparation and Other Works 1921–1945: The Writings of Melanie Klein, Vol. 1* (pp. 248–257). London: Hogarth Press, 1975; reprinted London: Karnac, 1992.

Klein, M. (1935). A contribution to the psychogenesis of manic-depressive states. In: *Love, Guilt and Reparation and Other Works 1921–1945: The Writings of Melanie Klein, Vol. 1* (pp. 262–289). London: Hogarth Press, 1975; reprinted London: Karnac, 1992.

Klein, M. (1940). Mourning and its relation to manic-depressive states. In: *Love, Guilt and Reparation, and Other Works, 1921–1925: The Writings of Melanie Klein, Vol. 1.* London: Hogarth, 1975; reprinted London: Karnac, 1992.

Klein, M. (1946). Notes on some schizoid mechanisms. In: *Envy and Gratitude and Other Works: The Writings of Melanie Klein, Vol. 3.* London: Hogarth Press, 1975; reprinted London: Karnac, 1993.

Klein, M. (1952). Some theoretical conclusions regarding the emotional life of the infant. In: *Envy and Gratitude and Other Works: The Writings of Melanie Klein, Vol. 3* (pp. 61–93). London: Hogarth Press, 1975; reprinted London: Karnac, 1993.

Klein, M. (1957). Envy and gratitude. In: *Envy and Gratitude and Other Works: The Writings of Melanie Klein, Vol. 3* (pp. 176–235). London: Hogarth Press, 1975; reprinted London: Karnac, 1995.

Klein, M. (1958). On the development of mental functioning. In: *Envy and Gratitude and Other Works: The Writings of Melanie Klein, Vol. 3* (pp. 236–246). London: Hogarth Press, 1975; reprinted London: Karnac, 1995.

Kohut, H. (1971). *The Analysis of the Self.* New York: International Universities Press.

Kunstlicher, R. (1995). "El concepto de *Nachträglichkeit*" [The concept of *Nachträglichkeit*]. *Revista de Psicoanálisis, 52* (3).

Lacan, J. (1953). Some reflections on the ego. *International Journal of Psychoanalysis, 34*: 11–17.

Lacan, J. (1954). Response to Jean Hyppolite's Commentary on Freud's "Verneinung". In: *Ecrits,* trans. B. Fink. New York: W. W. Norton, 2006.

Lacan, J. (1975). Le séminaire. Livre XXII. RSI. *Ornicar*: 2–5.

Lacan, J. (1982). *Female Sexuality.* New York: W. W. Norton.

Laplanche, J., & J.-B., Pontalis (1967). *The Language of Psychoanalysis,* trans. D. Nicholson-Smith. London: Hogarth Press, 1973; reprinted London:

Karnac, 1988.
Le Gaufey, G. (1993). Clivagem. In: *Dicionário Enciclopédico de Psicanálise,* ed. P. Kaufmann. Rio de Janeiro: Zahar, 1996.
Le Guen, C., Anargyros, A., Bauduin, A., Bayle, G., Bonnel, J., Bouhsira, J., et al. (1986). Le refoulement (les défenses) [Repression (defences)]. *Revue Française de Psychanalyse, 50* (1): 23–335.
Lévy, P. (1997). *Evoluzione del concetto di sapere nell'era telematica* [Evolution of the concept of knowledge in the telematic era]. Available at http://www.mediamente.rai.it/home/bibliote/intervis/l/levy02.htm
Lewin, B. D. (1954). Sleep, narcissistic neurosis and the analytic situation. *Psychoanalytic Quarterly, 23*: 487–510.
Lewin, R. (1993). *Complexidade. A vida no limite do caos.* Rio de Janeiro: Rocco, 1994.
Lewkowicz, I. (2004). *Pensar sin Estado* [Thinking without a state]. Buenos Aires: Paidós.
Lichtenberg, J. D., & Slap, J. W. (1973). Notes on the concept of splitting and the defense mechanism of the splitting of representations. *Journal of the American Psychoanalytical Association, 21*: 722–787.
Marty, P. (1990). *La psicosomática del adulto.* Buenos Aires: Amorrortu.
Marucco, N. (1999). *Cura analítica y transferencia. De la represión a la desmentida.* Buenos Aires: Amorrortu.
McDougall, J. (1972). Primal scene and sexual perversion. *International Journal of Psychoanalysis, 53*: 371–384.
McDougall, J. (1978).The sexual scene and the anonymous spectator . In: *Plea for a Measure of Abnormality*(pp. 21–52). New York: Brunner-Mazel.
McDougall, J. (1982). *Plea for a Measure of Abnormality.* New York: Brunner-Mazel.
McDougall, J. (1986). Identifications, neoneeds and neosexualities. *International Journal of Psychoanalysis, 67*: 19–30.
McDougall, J. (1991). *Theaters of the Body: A Psychoanalytic Approach to Psychosomatic Illness.* New York: W. W. Norton.
Meltzer, D. (1967). *The Psychoanalytical Process.* London: Heinemann.
Meltzer, D. (1968). Terror, persecution, dread: A dissection of paranoid anxieties, *International Journal of Psycho-Analysis, 49*: 396–400. Also in: *Sexual States of Mind* (pp. 99–106). Strath Tay: Clunie Press, 1973; and in: E. B. Spillius (Ed.), *Melanie Klein Today: Vol. 1: Mainly Theory* (pp. 230–238). London: Routledge, 1988.
Meltzer, D. (1978). *The Kleinian Development, Part III: The Clinical Significance of the Work of Bion.* Strath Tay: Clunie Press.
Merea, C. (1994). *La extensión del psicoanálisis.* Buenos Aires: Paidós.
Missenard, A., et al. (1989). *Le negatif. Figures et modalities.* Paris: Dunoch.
Moreno, J. (2002). *Ser humano. La inconsistencia, los vínculos, la crianza.* [Be-

ing human: Inconsistency, bonds, upbringing]. Buenos Aires: Ed. Del Zorzal.

Morin, E. (2001). *L'identité humaine. La méthode 5. L'humanité de l'humanité.* Paris: Seuil.

M'Uzan, M. (1994). *La bouche de l'inconscient.* Paris: NRF, Gallimard.

Neumann, E. (1954). *The Origins and History of Consciousness.* London: Routledge & Kegan Paul.

Neyraut, M. (1995). *Les raisons de l'irrationel* [The reasons of the irrational]. Paris: Presses Universitaires de France.

Ogden, T. (1992). The dialectically constituted/decentred subject of psychoanalysis. II: The contributions of Klein and Winnicott. *International Journal of Psychoanalysis, 73*: 613–626.

Ogden, T. (1994a). The analytic third: Working with intersubjective clinical facts. *International Journal of Psychoanalysis; 75*: 3–19.

Ogden, T. (1994b). *Subjects of Analysis.* Northvale, NJ: Jason Aronson.

Ogden, T. H. (1996). The perverse subject of analysis. *Journal of the American Psychoanalytical Association, 44*: 1121–1146.

O'Reilly, T. (2005). *What Is Web 2.0? Design Patterns and Business Models for the Next Generation of Software.* Available at http://www.oreillynet.com/pub/a/oreilly/tim/news/2005/09/30/what-is-web-20.html

O'Shaughnessy, E. (1981). A clinical study of a defensive organization. *International Journal of Psychoanalysis, 62*: 359–69. Also in: E. B. Spillius (Ed.), *Melanie Klein Today: Vol. 1: Mainly Theory* (pp. 293–310). London: Routledge, 1988.

O'Shaughnessy, E. (1999). Relating to the superego, *International Journal of Psychoanalysis, 80*: 861–870. .

Ostow, M. (1989). Sigmund and Jacob Freud and the Philippson Bible. *International Review of Psychoanalysis, 16*: 483–492.

Oxnam, R. B. (2005). *A Fractured Mind.* New York: Hyperion.

Pally, R. (1998). Emotional processing: The mind–body connection. *International Journal of Psychoanalysis, 79* (2): 349–362.

Parsons, M. (2000). Sexuality and perversion a hundred years on. *International Journal of Psychoanalysis, 81*: 37–49.

Prensky, M. (2004). *The Emerging Online Life of the Digital Native.* Available at http://www.marcprensky.com/writing/Prensky-The_Emerging_Online_Life_of_the_Digital_Native-03.pdf

Prudent, A. (1988). *Les enfants surdoués* [Gifted children]. Diploma dissertation, Dijon University, France.

Pruyser, P. W. (1975). What splits in "splitting"? A scrutiny of the concept of splitting in psychoanalysis and psychiatry. *Bulletin of the Menninger Clinic, 39*: 1–46.

Racamier, P.-C. (1992). *Le génie des origines. Psychanalyse et psychose* [The genius of origins: Psychoanalysis and psychosis]. Paris: Payot.

Raggio, E. (1989). Sobre la escisión del yo. Reflexiones sobre una tercera tópica freudiana. *Revista de Psicoanálisis, 46* (2–3).

Rappoport de Aisemberg, E. (2001). Revisión crítica de las teorías y de los abordajes de los estados psicosomáticos. *Revista de Psicoanálisis, 58* (2).

Rheingold, H. (2002). *Smart Mobs: The Next Social Revolution.* Cambridge, MA: Perseus Books.

Rizzuto, A. M. (1998). *Why Did Freud Reject God?* New Haven, CT: Yale University Press,

Rosenfeld, H. (1950). Notes on the psychopathology of confusional states in chronic schizophrenia, *International Journal of Psychoanalysis, 31*: 132–137.

Rosenfeld, H. (1952). Notes on the psycho-analysis of the superego conflict in an acute schizophrenic patient, *International Journal of Psychoanalysis, 33*: 111–131. Also in: *Psychotic States: A Psycho-Analytical Approach* (pp. 63–103). New York: International Universities Press; London: Karnac, 1965.

Rosenfeld, H. (1971). A clinical approach to the psychoanalytic theory of the life and death instincts: An investigation into the aggressive aspects of narcissism, *International Journal of Psychoanalysis, 52*: 169–178.

Rosolato, G. (1989). Lo negativo y su léxico. In: A. Missenard et al., *Le negatif. Figures et modalities.* Paris: Dunoch.

Roulot, D. (1993). Neuroses e psicoses. In: *Dicionário Enciclopédico de Psicanálise,* ed. P. Kaufmann. Rio de Janeiro: Zahar, 1996.

Roussillon, R. (1991). *Paradoxes et situations limites de la psychanalyse.* Paris: Presses Universitaires de Frances, 2005.

Rousillon, R. (2006). Historicidad y huella subjetiva, la tercera huella [Historicity and subjective memory]. In: L. Glocer Fiorini (Ed.), *Tiempo, historia y estructura* [Time, history, and structure]. Buenos Aires: Ed Lugar-APA.

Rousillon, R. (2007). "Configuraciones transferenciales 'límites'." Paper presented at the Conferencia Asociación Psicoanalítica Argentina (November).

Sarlo, B. (2000). *Siete ensayos sobre Benjamin* [Seven essays on Benjamin]. Buenos Aires: Fondo de Cultura Económica.

Schafer, R. (1968). *Aspects of Internalization.* New York: International Universities Press.

Schmucler, H. (2007). El dilema de las palabras [The dilemma of words]. *Diario Página, 12* (25 January).

Searles, H. F. (1965). *Collected Papers on Schizophrenia and Related Subjects.* New York: International Universities Press.

Segal, H. (1972). A delusional system as a defence against the re-emergence of a catastrophic situation. *International Journal of Psychoanalysis, 30*: 69–74.

Segal, H. (1993). On the clinical usefulness of the concept of the death instinct, *International Journal of Psychoanalysis, 74*: 55–61.

Shengold, L. (1989). *Soul Murder: The Effects of Child Abuse and Deprivation.* New Haven, CT: Yale University Press.

Silberer, H. (1909). Report on a method of eliciting and observing certain symbolic hallucination phenomena. In: D. Rapaport (Ed.), *Organization and Pathology of Thought* (pp. 195–207). New York: Columbia University Press, 1957.

Smith, H. (2006). Analyzing disavowed action: The fundamental resistance of analysis. *Journal of the American Psychoanalytic Association, 54*: 713–737.

Stein, R. (2005). Why perversion? *International Journal of Psychoanalysis, 86*: 775–799.

Steiner, J. (1993). *Psychic Retreats: Pathological Organizations in Psychotic, Neurotic and Borderline Patients.* London: Routledge.

Steiner, J. (1996). The aim of psychoanalysis in theory and in practice. *International Journal of Psychoanalysis, 78*: 580–582.

Sterba, R. (1934). The fate of the ego in analytic theory. *International Journal of Psychoanalysis, 15*:117–126.

Stoller, R. J. (1975). *Perversion: The Erotic Form of Hatred.* New York: Pantheon.

Strachey, J. (1934). The nature of the therapeutic action of psychoanalysis, *International Journal of Psychoanalysis, 15*: 127–159.

Strachey, J. (1961a). Editorial comment. In: S. Freud (1923e), "The Infantile Genital Organization" (p. 143, n. 4). *S.E., 19.*

Strachey, J. (1961b). Editorial comment. In: S. Freud (1924b [1923]), "Neurosis and Psychosis" (p. 153, n. 7). *S.E., 19.*

Strachey, J. (1961c). Editor's note. In: S. Freud (1927e), "Fetishism" (pp. 149–151). *S.E., 21.*

Strachey, J. (1964a). Editor's note. In: S. Freud (1937c), "Analysis Terminable and Interminable" (pp. 211–215). *S.E., 23.*

Strachey, J. (1964b). Editor's note. In: S. Freud (1940e [1938]), "Splitting of the Ego in the Process of Defence" (p. 274). *S.E., 23.*

Strachey, J. (1964c). Editor's note. In: S. Freud (1940a [1938]), *An Outline of Psycho-Analysis* (pp. 141–143). *S.E., 23.*

Surowiecki, J. (2004). *The Wisdom of the Crowds: Why the Many Are Smarter Than the Few and How Collective Wisdom Shapes Business, Economies, Societies, and Nations.* New York: Doubleday.

Watkins, J. G., & Watkins, H. H. (1997). *Ego States: Theory and Therapy.* New

York: W. W. Norton.
Weiss, J. (1993). *How Psychotherapy Works*. New York: Guilford Press.
Wiessel, E. (2002). *La intolerancia* [On intolerance]. Barcelona: Granica.
Winnicott, D. W. (1945). Primitive emotional development. *International Journal of Psychoanalysis, 26*: 137–143. Also in: *Through Paediatrics to Psycho-Analysis* (pp. 145–156). London: Hogarth Press & The Institute of Psycho-Analysis, 1975.
Winnicott, D. W. (1951). Transitional objects and transitional phenomena. In: *Playing and Reality*. London: Tavistock, 1971.
Winnicott, D. W. (1960). Ego distortion in terms of the true and false self. In: *The Maturational Processes and the Facilitating Environment*. New York: International Universities Press, 1965.
Winnicott, D. W. (1965). *The Maturational Processes and the Facilitating Environment*. New York: International Universities Press, 1965.
Winnicott, D. W. (1967). D.W.W. on D.W.W. In: *Psycho-Analytic Explorations* (pp. 569–582), ed. C. Winnicott, R. Shepherd, & M. Davis, London: Karnac, 1989.
Winnicott, D. W. (1971). *Playing and Reality*. London: Tavistock Publications.
Winnicott, D. W. (1974). Fear of breakdown. *International Review of Psychoanalysis, 1*: 103–107. Also in: *Psycho-Analytic Explorations* (pp. 87–95), ed. C. Winnicott, R. Shepherd & M. Davis, London: Karnac, 1989.
Wittgenstein, L. (1953). *Philosophical Investigations*. New York: Macmillan.
Yerushalmi, Y. H. (1991). *Freud's Moses: Judaism Terminable and Interminable*. New Haven, CT: Yale University Press.
Zorn, F. (1982). *Mars*. Paris: Gallimard.
Zukerfeld, R. (1992). Tercera tópica y locuras públicas. De lo limítrofe a lo central. *Revista de Psicoanálisis, 46* (3–4).
Zukerfeld, R. (1993). "Acerca de la Tercera Tópica." Paper presented at the 38th IPA International Congress, Amsterdam (July).
Zukerfeld, R. (1994). Locuras privadas, locuras públicas. La tercera tópica. *Revista de Psicología y Psicoterapia de Grupo, 17* (2).
Zukerfeld, R. (1996). *Acto bulímico, cuerpo y tercera tópica* [Bulimic act,the body, and the third topography]. Buenos Aires: Paidós.
Zukerfeld, R. (1998). "Psicoanálisis actual. Tercera Tópica e interdisciplina." Paper presented at the 3rd Congreso Argentino de Psicoanálisis, Córdoba.
Zukerfeld, R. (1999). Psicoanálisis actual. Tercera tópica y contexto social. *Aperturas Psicoanalíticas, 2* (July) (available at www.aperturas.org).
Zukerfeld, R. (2002). "Psicoanálisis y procesos terciarios. Resiliencia y prácticas sociales transformadoras." Paper presented at the 1st Congreso Internacional de Salud Mental y Derechos Humanos, Universidad Pop-

ular Madres de Plaza de Mayo (UPMPM), Buenos Aires.
Zukerfeld, R., & Zonis Zukerfeld, R. (1989). "Acerca del inconsciente. La tercera tópica Freudiana." Paper presented at the 7th Encuentro y Symposio anual, AEAPG, Buenos Aires (1990).
Zukerfeld, R., & Zonis Zukerfeld, R. (1999). *Psicoanálisis, tercera tópica y vulnerabilidad somática* [Psychoanalysis, third topography, and somatic vulnerability]. Buenos Aires: Lugar Editorial.
Zukerfeld, R., & Zonis Zukerfeld, R. (2001). "Tercera tópica, sostén vincular y vulnerabilidad." Paper presented at the 42nd IPA International Congress, Nice, France.
Zukerfeld, R., & Zonis Zukerfeld, R. (2002). "Procesos terciários". Paper presented at the 24th Congreso Latinoamericano de Psicoanálisis, Montevideo (September).
Zukerfeld, R., & Zonis Zukerfeld, R. (2005). *Procesos terciarios. De la vulnerabilidad a la resiliencia* [Tertiary process: From vulnerability to resilience]. Buenos Aires: Lugar Editorial.

专业名词英中文对照表

analytic-pair	分析性-配对
analytic third	分析性第三方
bulwark	壁垒
current	心流
defusion	去融合
denial	否认
dissociation	解离
disavowal	拒认
fetishism	恋物癖
Freudian	弗洛伊德学派/弗洛伊德学说
hysterical	癔症
I-ness	我性
idealization	理想化
Kleinian	克莱因学派
libido	力比多
living-dead	活死人
mind splitting	心智分裂
mourning	哀伤
narcissistic countercathexes	自恋反贯注
neocatharsis	新宣泄
neurosis	神经症
oneness	合一性
perversion	倒错
projective identification	投射性认同
psychic agency	精神代理
psychosis	精神病
repression	压抑
traumatic seduction	创伤性诱惑

traumatism	创伤症/创伤
seduction theory	诱惑理论
separating	分离
spltting/splitting up	分裂
virtual reality	虚拟现实